全国高职高专应用型规划教材·信息技术类

C语言程序设计

陈健伟　杨　辉　主　编

米晓萍　郭新峰

尹　娜　石招军　副主编

北京大学出版社

PEKING UNIVERSITY PRESS

内 容 简 介

　　C 语言程序设计是高等院校普遍开设的一门课程，同时也是软件工作者必须掌握的一个工具。本书以突出实践操作为主导，立足于应用，在内容组织和编排上，按照全国计算机等级考试大纲 C 语言的要求并结合教学经验进行编写，共分 13 章，包括：C 语言概述，算法基础，数据类型、运算符与表达式，顺序结构程序设计，选择结构程序设计，循环结构程序设计，数组，函数，预处理命令，指针，结构体与共用体，位运算，文件等。

　　本书可作为高职高专计算机类专业的教材，也可作为从事软件技术人员的入门培训教材。

图书在版编目（CIP）数据

C 语言程序设计/陈健伟，杨辉主编. —北京：北京大学出版社，2010.2

（全国高职高专应用型规划教材·信息技术类）

ISBN 978-7-301-15346-8

Ⅰ. C… Ⅱ. ①陈…②杨… Ⅲ. C 语言－程序设计－高等学校：技术学校－教材 Ⅳ.TP312

中国版本图书馆 CIP 数据核字（2009）第 095085 号

书　　　名：	C 语言程序设计
著作责任者：	陈健伟　杨　辉　主编
策 划 编 辑：	周　伟
责 任 编 辑：	葛昊晗
标 准 书 号：	ISBN 978-7-301-15346-8
出　版　者：	北京大学出版社
地　　　址：	北京市海淀区成府路 205 号　　100871
网　　　址：	http://www.pup.cn
电　　　话：	邮购部 62752015　发行部 62750672　编辑部 62765126　出版部 62754962
电 子 信 箱：	xxjs@pup.pku.edu.cn
印　刷　者：	北京鑫海金澳胶印有限公司
发　行　者：	北京大学出版社
经　销　者：	新华书店
	787 毫米×980 毫米　16 开本　14 印张　298 千字
	2010 年 2 月第 1 版　　2010 年 2 月第 1 次印刷
定　　　价：	25.00 元

前　言

随着计算机渗透到各行各业中，软件程序员的需求量不断增大，我国的软件外包市场规模也在持续调整增长，中国将逐步成为全球软件制造中心，这就要求对我国的软件技术人才进行人力储备。C 语言是一种计算机程序设计语言，它既具有高级语言的特点，又具有汇编语言的特点，是软件行业中基础的语言之一。C 语言既可作为系统设计语言，编写工作系统应用程序，也可作为应用程序设计语言，编写不依赖计算机硬件的应用程序，因此，其应用范围非常广泛。为此，我们编写了《C 语言程序设计》一书，并希望能对我国软件技术人才的培养有所帮助，让那些正在或将要从事软件行业的人在本书中获得收益。

本书以突出实践操作为主导，立足于应用，在内容组织和编排上，按照全国计算机等级考试大纲 C 语言的要求并结合教学经验进行编写。同时，本书搜集了大量的实例，这些实例来源于院校教学过程中使用的典型例题，具有代表性。

本书共 13 章，主要内容包括：C 语言概述，算法基础，数据类型、运算符与表达式，顺序结构程序设计，选择结构程序设计，循环结构程序设计，数组，函数，预处理命令，指针，结构体与共用体，位运算，文件等。

本书在编写过程中参考了 C 语言程序方面的诸多论述、书籍以及全国计算机等级二级C 语言大纲，结合多年的教学经验，力求解决第三批本科及高职高专学生对于应用能力的培养问题。本书由东华理工大学长江学院陈健伟和湖北交通职业技术学院杨辉主编，参加编写的还有：太原电力高等专科学校米晓萍和郭新峰，大连水产职业技术学院尹娜，南昌航空大学石招军。

本书可作为高职高专计算机类专业的教材，也可作为从事软件技术人员的入门培训教材。

限于编者的水平有限，书中难免有不妥之处，敬请读者批评指正。

编　者

2009 年 10 月

目　　录

第 1 章　C 语言概述 1

1.1　C 语言出现的历史背景 1

1.2　C 语言的特点 2

1.3　简单的 C 语言程序介绍 2

1.4　C 语言程序的上机步骤 5

【本章小结】 5

【练习与实训】 5

第 2 章　算法基础 12

2.1　算法的概述 12

2.2　简单算法举例 12

2.3　算法的特性 13

2.4　怎样表示一个算法 13

2.4.1　用自然语言表示算法 13

2.4.2　用流程图表示算法 13

2.4.3　用 N-S 流程图表示算法 15

2.4.4　用伪代码表示算法 15

2.4.5　用计算机语言表示算法 16

2.5　结构化程序设计方法 17

【本章小结】 18

【练习与实训】 19

第 3 章　数据类型、运算符与表达式 20

3.1　C 语言的基本数据类型 20

3.2　常量与变量 20

3.2.1　常量和符号常量 21

3.2.2　变量 21

3.3　整型数据 22

3.3.1　整型常量的表示方法 22

3.3.2　整型数据在内存中的
存放形式 22

3.3.3　整型数据的类型 23

3.4　实型整数 23

3.4.1　实型常量的表示方法 23

3.4.2　实型数据在内存中的
存放形式 24

3.4.3　实型数据的类型 24

3.5　字符型数据 25

3.5.1　字符常量 25

3.5.2　字符数据在内存中的
存储形式 26

3.5.3　字符串常量 26

3.6　变量赋初值 27

3.7　数值型数据间的混合运算 27

3.8　算术运算符和算术表达式 27

3.8.1　C 语言运算符概述 28

3.8.2　算术运算符和算术表达式 29

3.9　赋值运算符和赋值表达式 30

3.9.1　简单赋值 30

3.9.2　复合的赋值运算符 30

3.9.3　赋值表达式 31

3.10　逗号运算符和逗号表达式 31

【本章小结】 32

【练习与实训】 32

第 4 章　顺序结构程序设计 35

4.1　C 语句概述 35

4.2　赋值语句 37

4.3　数据输入输出的概念及实现 38

4.4　字符数据的输入与输出 38

4.5　格式输入与输出 42

4.6　顺序结构程序设计举例 54

【本章小结】 56

【练习与实训】 56

第 5 章　选择结构程序设计 58

5.1　关系运算符和关系表达式 58

5.2 逻辑运算符和逻辑表达式 59

5.3 选择结构概述 61

5.4 if 语句 61

5.5 条件运算符和条件表达式 65

5.6 switch 语句 67

5.7 选择结构程序设计举例 69

【本章小结】 72

【练习与实训】 72

第 6 章 循环结构程序设计 75

6.1 循环控制结构概述 75

6.2 goto 语句以及 goto 语句构成的循环 ..75

6.3 while 语句 76

6.4 do…while 语句 77

6.5 for 语句 79

6.6 嵌套循环 82

6.7 几种循环的比较 84

6.8 break 语句和 continue 语句 85

6.9 循环结构程序设计举例 87

【本章小结】 90

【练习与实训】 91

第 7 章 数组 92

7.1 一维数组的定义和引用 92

7.1.1 一维数组的定义 92

7.1.2 一维数组元素的引用 93

7.1.3 一维数组的初始化 93

7.1.4 一维数组程序程序举例 94

7.2 二维数组的定义和引用 94

7.2.1 二维数组的定义 94

7.2.2 二维数组元素的引用 95

7.2.3 二维数组的初始化 96

7.2.4 二维数组程序举例 97

7.3 字符数组 97

7.3.1 字符数组的定义 97

7.3.2 字符数组的初始化 98

7.3.3 字符串常量 98

7.3.4 字符数组与字符串的区别 99

7.3.5 字符数组的输入与输出 99

7.3.6 字符串函数 100

7.3.7 字符数组应用举例 104

【本章小结】 104

【练习与实训】 104

第 8 章 函数 107

8.1 概述 107

8.1.1 函数应用的 C 程序实例 107

8.1.2 函数的分类 108

8.2 函数的定义与调用 109

8.2.1 函数的定义 109

8.2.2 对被调用函数的声明和
函数原型 110

8.2.3 函数的参数 111

8.2.4 函数的调用 113

8.2.5 函数的返回值与函数类型 114

8.3 函数的嵌套调用 115

8.4 函数的递归调用 117

8.5 数组作函数参数 121

8.5.1 数组元素作为函数参数 121

8.5.2 数组名作为函数参数 121

8.5.3 多维数组名作为函数参数 124

8.6 局部变量与全局变量 125

8.6.1 内部变量 125

8.6.2 外部变量 126

8.7 变量的存储类别 127

8.7.1 静态内部变量 127

8.7.2 自动局部变量 128

8.7.3 寄存器变量 128

8.7.4 外部变量 129

8.8 内部函数和外部函数 130

8.8.1 内部函数 130

8.8.2 外部函数 130

8.8.3 多个源程序文件的
编译和连接 131

【本章小结】 132

【练习与实训】 133

第9章 预处理命令 137

9.1 宏定义 137

　　9.1.1 无参宏定义 137

　　9.1.2 有参宏定义 138

9.2 文件包含 139

9.3 条件编译 139

　　9.3.1 #ifdef ~ #endif 和#ifndef ~

　　　　　#endif 命令 139

　　9.3.2 #if ~ #endif 140

【本章小结】 140

【练习与实训】 141

第10章 指针 142

10.1 地址和指针的概念 142

10.2 变量的指针和指向变量的指针变量 142

10.3 数组与指针 146

10.4 字符串与指针 149

10.5 指向函数的指针 150

10.6 返回指针值的函数 150

10.7 指针数组和指向指针的指针 152

【本章小结】 158

【练习与实训】 160

第11章 结构体与共用体 162

11:1 结构体与共用体概述 162

11.2 定义结构体类型 164

11.3 结构体变量 165

11.4 结构体数组 173

11.5 结构体指针变量 178

11.6 动态存储分配 182

11.7 链表 184

11.8 共用体 189

11.9 枚举类型 192

11.10 类型定义符 typedef 194

【本章小结】 195

【练习与实训】 195

第12章 位运算 198

12.1 位运算符和位运算 198

12.2 位运算举例 201

12.3 位段 203

【本章小结】 206

【练习与实训】 207

第13章 文件 208

13.1 文件的相关概念 208

13.2 文件指针 208

13.3 文件的打开与关闭 208

13.4 文件的读写 209

13.5 文件的定位与状态检测 213

【本章小结】 214

【练习与实训】 214

第 1 章　C 语言概述

　　C 语言是国际上广泛使用的、很有发展前途的计算机高级语言。它既可用来编写系统软件，也可用来编写应用软件。

1.1　C 语言出现的历史背景

　　以前的操作系统等系统软件主要是用汇编语言编写的。由于汇编语言依赖于计算机硬件，程序的可读性和可移植性都较差。为了解决这些问题，最好采用高级语言，但一般高级语言难以实现汇编的某些功能。人们希望能找到一种既具有一般高级语言特性，又具有低级语言特性的语言，集中这两种语言的优点。于是，C 语言就在这种情况下应运而生了。

　　C 语言是在 B 语言的基础上发展起来的，它的根源可以追溯到 ALGOL 60。1960 年出现的 ALGOL 60 是一种面向问题的高级语言，它离硬件比较远，不适合用来编写系统程序。

　　1963 年英国的剑桥大学推出了 CPL（Combined Programming Language）语言，该语言比 ALGOL 60 更接近硬件，但规模比较大，难以实现。1967 年英国剑桥大学的 Matin Richards 对 CPL 语言进行了简化，推出了 BCPL 语言。1970 年美国贝尔实验室的 Ken Thomson 以 BCPL（Basic Combined Programming Language）语言为基础，又做了进一步简化，设计出了简单且接近硬件的 B 语言。但由于 B 语言过于简单，功能有限。1972 年，贝尔实验室的 Dennies Ritchie 在 B 语言的基础上设计出了简洁而高效的 C 语言。1973 年，Dennies Ritchie 与 Ken Thomson 两人合作把 UNIX 的 90%以上用 C 语言改写，即 UNIX 第 5 版。

　　后来，对 C 语言做了多次改进，但主要还是在贝尔实验室内部使用。直到 1975 年 UNIX 第 6 版公布后，C 语言的突出优点才引起人们的普遍关注。1977 年出现了不依赖于具体机器的 C 语言编译文本《可移植 C 语言编译程序》，使 C 语言移植到其他机器时所需做的工作大大简化了，这也推动了 UNIX 操作系统迅速地在各种机器上实现。随着 UNIX 的日益广泛使用，C 语言也迅速得到推广。C 语言和 UNIX 在发展过程中相辅相成。1978 年以后，C 语言已先后移植到大、中、小、微型机上，已独立于 UNIX 了。现在 C 语言已风靡全世界，成为世界上应用最广泛的几种程序设计语言之一。

　　以 1978 年发表的 UNIX 第 7 版中的 C 编译程序为基础，Brian Kernighan 和 Dennies Ritchie（合称 K&R）合著了影响深远的名著《The C Programming Language》，这本书中介绍的 C 语言成为后来广泛使用的 C 语言版本的基础，它被称为标准 C。1983 年，美国国家标准化协会（ANSI）根据 C 语言问世以来各种版本对 C 的发展和扩充，制定了新的标准，称为 ANSI C。ANSI C 比原来的标准 C 有了很大的发展。K&R 在 1988 年修改了他们的经典著作《The C Programming Language》，按照 ANSI C 的标准重新写了该书。1987 年，ANSI C 又公布了新标准——87 ANSI C。1990 年，国际标准化组织 ISO 接受 87 ANSI C 为 ISO 的标准。目前最流行的 C 语言有：Microsoft C、Turbo C、T&T C 等，这些 C 语言版本不仅实现

了 ANSI C 标准，而且在此基础上各自作了一些扩充，使之更加方便、完美。

1.2　C 语言的特点

　　一种语言之所以能存在和发展，并具有生命力，是因为其拥有不同于其他语言的特点。C 语言的主要特点包括：

　　（1）语言简洁紧凑、使用灵活方便。C 语言一共只有 32 个关键字、9 种控制语句，程序书写自由，主要用小写字母表示。它把高级语言的基本结构和语句与低级语言的实用性结合了起来。C 语言可以像汇编语言一样对位、字节和地址进行操作，而这三者是计算机最基本的工作单元。

　　（2）运算符丰富。C 的运算符包含的范围很广泛，共有 34 个运算符。C 语言把括号、赋值、强制类型转换等都作为运算符处理，从而使 C 的运算类型极其丰富、表达式类型多样化。灵活使用各种运算符可以实现在其他高级语言中难以实现的运算。

　　（3）数据结构丰富。C 的数据类型有：整型、实型、字符型、数组类型、指针类型、结构体类型、共用体类型等，能用来实现各种复杂的数据类型的运算。特别是指针概念的引入，使程序效率更高。

　　（4）C 是结构化语言。结构化语言的显著特点是代码及数据的分隔化，即程序的各个部分除了必要的信息交流外彼此独立。这种结构化方式可使程序层次清晰，便于使用、维护和调试。C 语言用函数作为程序的模块单位，这些函数可方便的被调用，并利用多种循环、条件语句来控制程序的流向，从而使程序完全结构化。

　　（5）语法限制不太严格，程序设计自由度大。虽然 C 语言也是强类型语言，但它的语法比较灵活，允许程序编写者有较大的自由度。

　　（6）允许直接访问物理地址，可以直接对硬件进行操作。因此，C 语言既具有高级语言的功能，又具有低级语言的许多功能，能够像汇编语言一样对位、字节和地址进行操作，可用来编写系统软件。C 语言的这种双重特性，使它既是成功的系统描述语言，又是通用的程序设计语言。

　　（7）程序生成代码质量高，程序执行效率高。一般 C 语言只比汇编程序生成的目标代码效率低 10～20%。

　　（8）使用范围大，可移植性好。C 语言有一个突出的优点就是适用于多种操作系统，如 DOS、UNIX 等，也适用于多种机型。

　　由于 C 语言的这些优点，使 C 语言应用面很广。很多大的软件都用 C 编写，这主要是由于 C 语言的可移植性好和硬件控制能力高，表达和运算能力强。许多以前只能用汇编语言处理的问题，现在可以改用 C 语言来处理了。

1.3　简单的 C 语言程序介绍

　　为了说明 C 语言程序结构的特点，先介绍几个简单的 C 语言程序。这几个程序由简到难，表现了 C 语言程序在组成结构上的特点。虽然有关内容还未介绍，但可以从这些例子中了解到组成一个 C 语言程序的基本结构和书写格式。

例 1.1

```
#include <stdio.h>
    main ( )
    { printf( "This is a C program. \n" );
    }
```

运行结果是：This is a C program.

上面的程序中，main 表示"主函数"，每一个 C 语言程序都必须有一个 main 函数。它是每一个 C 语言程序的执行起始点（入口点）。用大括号{}括起来的是主函数的函数体。Main 函数中的所有操作都在这一对{}之间。本例中主函数内只有一个输出语句，printf 是 C 语言的库函数，功能是用于程序的输出（显示在屏幕上）。"\n"是换行符。每条语句用";"号结束语句。

例 1.2

```
#include <stdio.h>
    main ( )                          /* 算两数之和*/
    { int a,b,sum;                    /* 定义变量 */
     a=12; b=34;                      /* 以下 3 行是 C 语言*/
     sum= a+b;
     printf( "sum=%d\n" ,sum);
     }
```

运行结果是：sum=46

本程序是计算两数之和，并输出结果。/* */括起来的部分是一段注释，我们可以用汉字、英文或汉语拼音作注释，注释只是为了改善程序的可读性，在编译、运行时不起任何作用（事实上编译时会跳过注释，目标代码中也不会包含注释）。注释可以放在程序的任何位置，并允许占用多行，只是需要注意"/*"与" */"要相匹配，一般不要嵌套注释。第二行是变量声明，声明了三个具有整数类型的变量 a、b、sum。C 语言中变量必须先声明再使用。第 3 行是两条赋值语句。将 12 赋给整型变量 a，将 34 赋给整型变量 b，使 a 和 b 的值分别为 12 和 34。第 4 行是将 a、b 两变量的值相加，然后把结果赋值给整型变量 sum，此时 sum 的值为 46。第 5 行是调用库函数输出 sum 的值。"%d"为格式控制，表示 sum 的值以十进制整数形式输出。

例 1.3

```
#include <stdio.h>
    main ( )                               /*主函数*/
    {int a,b,c;                            /*定义变量*/
     scanf( "%d,%d" ,&a,&b);               /*输入变量a和b的值*/
     printf( "Input a,b:");
     c=max(a,b);                           /*调用 max 函数，将得到的值赋给 c*/
     printf( "Max of a and b is %d\n" ,c); /*输出 c 的值*/
     }

    int max(int x, int y)      /*定义 max 函数，函数值为整型，x、y 为形式参数*/
```

```
{ int z;                      /*max 函数中用到的变量，也要加以定义*/
  if (x>y) z=x;
  else z=y;
  return (z);                 /*将 z 的值返回，通过 max 带回调用处*/
}
```

运行结果是：Input a,b: 4, 7✓

　　　　　　Max of a and b is 7

本程序包括两个函数：主函数 main 和被调函数 max。max 函数的作用是将 x 和 y 中较大的值赋给变量 z。return 语言是将 z 的值返回给主调函数 main，返回值是通过函数名 max 带回到 main 函数的调用处。Main 函数中的 scanf 是"输入函数"的名字。"&"的含义是"取地址"。此 scanf 函数的作用是：将两个数值分别输入到变量 a 和 b 的地址所标志的单元中，也就是输入给变量 a 和 b。main 函数中的第 4 行为调用 max 函数，在调用时将实际参数 a 和 b 的值分别传给 max 函数中的形式参数 x 和 y。经过执行 max 函数得到一个返回值 9 即 max 函数中变量 z 的值，把这个值赋给变量 c，然后输出 c 的值。printf 函数中双引号内的"Max of a and b is %d"在输出时，其中的"%d"将由 c 的值取而代之。本例用到了函数调用、实参和形参等概念，在后面的相关章节中会对这些概念做进一步的解释。

通过上面的例子，可以看到 C 程序有以下几个结构特点。

（1）C 程序是由函数构成的。一个 C 源程序至少包含一个函数（main 函数），也可以包含一个 main 函数和若干其他函数。因此，函数是 C 程序的基本单位。被调用的函数可以是系统提供的库函数，也可以是用户根据需要自己编制设计的函数。C 语言的函数相当于其他语言中的子程序，用函数来实现特定的功能。因此，可以说 C 是函数式语言，程序全部工作都是由函数来完成的。C 的函数库十分丰富，标准 C 提供 100 多个库函数。C 的这种特点使得实现程序的模块化变得容易。

（2）一个函数由函数的首部和函数体两部分组成。

① 函数的首部。包括函数名、函数类型、函数属性、函数参数名、参数类型。一个函数名后面必须跟一对圆括号，函数参数可以没有，如 main ()。

② 函数体，即函数首部下面的大括号中的内容。如果一个函数内有多个大括号，则最外层的一对大括号为函数体的范围。函数体一般包括：

● 声明部分。在这部分中定义所用到的变量，如例 1.3 中 main 函数中的"int a, b, c"。

● 执行部分。由若干个语句组成。

当然，在某些情况下也可以没有变量声明部分，甚至可以既无变量声明也无执行部分。

（3）一个 C 语言程序总是从 main 函数开始执行的，而无论 main 函数在整个程序中的位置如何。

（4）C 程序书写格式自由。一行内可以写几个语句，一个语句也可以分写在多行上。

（5）每个语句和数据定义的最后必须有一个分号，分号是 C 语句的必要组成部分。

（6）可以用/*…… */对 C 程序中的任何部分作注释。一个好的、有使用价值的源程序都应当加上必要的注释，以增强程序的可读性。

1.4 C 语言程序的上机步骤

程序设计是实践性很强的过程,任何程序均需要在计算机上运行,以检验程序的正确性。

按照 C 语言语法规则编写的 C 程序称为源程序。源程序由字母、数字及其他符号等构成,在计算机内部用相应的 ASCII 码表示,并保存在扩展名为".c"的文件中。源程序是无法直接被计算机运行的,因为计算机的 CPU 只能执行二进制的机器指令。这就需要把 ASCII 码的源程序先翻译成机器指令,然后计算机的 CPU 才能运行翻译好的程序。

源程序的翻译过程由两个步骤实现:编译和连接。先对源程序进行编译,即用所选用的 C 编译程序将源程序翻译成为二进制代码形式的目标程序。但目标程序还不能马上交给计算机直接运行,因为在源程序中,输入、输出及常用函数运算都不是用户自己编写的,而是直接调用系统函数库中的库函数。因此,必须把目标程序与系统的库函数连接起来,生成可执行程序,并经机器指令的地址重定位后,便可由计算机运行,并得到运行结果。

C 语言程序的调试、运行步骤如图 1.1 所示。

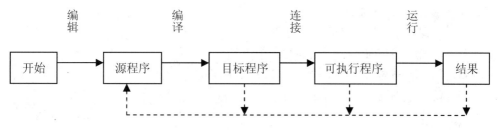

图 1.1 C 语言程序的调试、运行步骤

上图中,虚线表示当某一步骤出现错误时的修改路线。运行时,无论是出现编译错误、连接错误,还是运行结果不对,都需要修改源程序,并对修改后的源程序进行重新编译、连接和运行,直到将程序调试正确为止。

【本章小结】

C 语言是国际上广泛使用的、很有发展前途的计算机高级语言。它既可用来编写系统软件,也可用来编写应用软件。

本章介绍了 C 语言出现的历史背景、C 语言的特点、C 语言程序的上机步骤,并通过几个实例对简单的 C 语言程序进行了讲解。

【练习与实训】

一、填空题

1.C 程序是由_____构成的,一个 C 程序中至少包含_____,因此,_____是 C 程序的基本单位。

2.函数体一般包括_____和_____两部分。

3．C 的源程序在运行之前，要经过_____和_____两个步骤。

二、选择题

1．C 语言程序的执行，总是起始于（　　）。

    A．程序中第一条可执行语句

    B．程序中的第一个函数

    C．main 函数

    D．包含文件中的第一个函数

2．下面对 C 语言特点，不正确的描述是（　　）。

    A．C 语言兼有高级语言和低级语言的双重特点，执行效率高

    B．C 语言既可以用来编写应用程序，又可以用来编写系统软件

    C．C 语言的可移植性较差

    D．C 语言是一种结构化程序设计语言

3．下列说法中正确的是（　　）。

    A．C 程序书写时，不区分大小写字母

    B．C 程序书写时，一行只能写一个语句

    C．C 程序书写时，一个语句可分成几行书写

    D．C 程序书写时，每行必须有行号

三、简答题

1．C 语言的特点是什么？

2．C 程序上机一般包括哪几个步骤，各个步骤的作用是什么？

四、实训题：了解 VC++的上机环境

VC++是 Microsoft 公司的重要产品之——Developer Studio 工具集的重要组成部分。它用来在 Windows 环境下开发应用程序，是一种功能强大、行之有效的可视化编程工具。VC++不仅支持 C++语言的编程，而且还兼容 C 语言的编程。这里简要地介绍如何在 VC++环境下运行 C 语言程序。

1．启动 VC++

VC++是一个庞大的语言集成工具，经安装后将占用几百兆的磁盘空间。从"开始"→"程序"→"Microsoft Visual Studio 6.0"→"Microsoft Visual C++6.0"，可启动 VC++。

2．新建/打开 C 程序文件

选择"文件"菜单的"新建"菜单项，选中"C++ Source File"，按"确定"键，如图 1.2 所示。可在编辑窗口中输入程序。

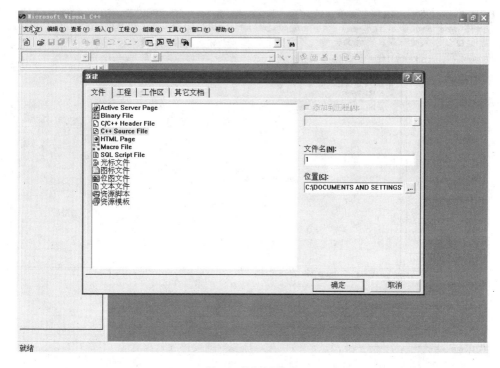

图 1.2　新建 C 源程序

如果程序已经输入过,可选择"文件"菜单的"打开"菜单项,并在查找范围中找到需要的文件夹,调入指定的程序文件。

3．保存 C 程序

当程序输入结束后,保存文件时,应指定扩展名为".c",否则系统将按 C++的扩展名".cpp"保存。

4．执行程序

首先要生成可执行文件。使用 VC++"组件"菜单中的"编译"菜单项,也可使用 Ctrl+F7 的快捷方式。在编译连接过程中 VC++将保存该新输入的程序,并生成一个同名的工作区。

如果程序编译时,没有错误,将在信息窗口中显示:0 error(s) 0 warning(s) 表示没有任何错误,如图 1.3 所示。有时在信息窗口中出现有警告性信息(warning),不影响程序执行。如果出现有错误信息(error),应根据信息窗口的提示全部予以纠正。

待程序编译后提示没有错误时,我们就可以执行程序了。使用 VC++"组件"菜单中的"执行"菜单项,也可使用 Ctrl+F5 的快捷方式。当运行了 C 程序后,VC++将自动弹出数据输入输出窗口,输入数据和显示程序执行结果,如图 1.4 所示。按任意键可以关闭该窗口。

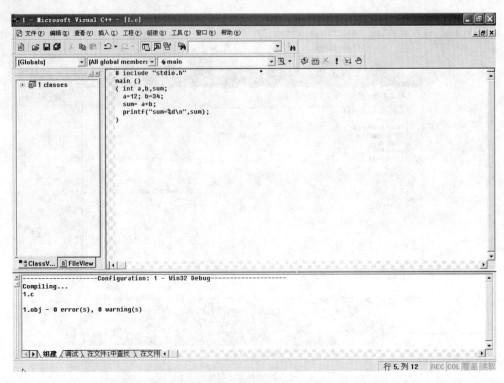

图 1.3 编译连接正确

图 1.4 数据输入输出窗口

5．调试程序

除了较简单的程序，一般的程序很难一次就能做到完全正确。在上机过程中，根据出错现象找到错误并改正称为程序调试。我们要在学习程序设计过程中，逐步培养调试程序的能力，它不可能靠几句话讲清楚，要靠自己在上机过程中不断摸索和总结。

程序中的错误大致可分为三类。

（1）编译错误。指编程者违反了 C 语言的语法规则。

（2）连接错误。通常是由于未定义或未指明要连接的函数，或者函数调用不匹配，对系统函数的调用必须要通过"include"来说明。

对于编译连接错误，C 语言系统会提供出错信息，包括出错位置（行号）和出错提示信息。编程者可以根据这些信息，找出相应错误所在。有时系统提示的一大串错误信息，并不表示真的存在这么多错误，往往是因为前面的一两个错误带来的连锁反应。所以当你纠正了几个错误后，不妨再编译连接一次，然后再根据新的出错信息纠正错误。

（3）执行错误。有些程序通过了编译连接，并能在计算机上运行，但得到的结果不正确，这种情况就属于执行错误。这类在程序执行过程中的错误往往很难改正。错误的原因一部分可能是由程序书写错误带来的，例如，应该使用变量 x 的地方写成了变量 y，虽然没有语法错误，但意思完全错了；另一部分可能是由程序算法设计的不正确所造成的。还有一些程序有时计算结果正确，有时不正确，这往往是编程时，对各种情况考虑不周所致。解决执行错误的首要步骤就是错误定位，即找到出错的位置，才能予以纠正。通常我们先设法确定错误的大致位置，然后通过 C 语言提供的调试工具找出真正的错误。

VC++是一个完全基于 Windows 环境的系统，它的调试过程通过鼠标比较容易进行。我们可以通过以下 4 个步骤来调试程序。

① 让程序执行到中途暂停以便观察阶段性结果

方法一：使程序执行到光标所在的那一行暂停

步骤：1）在需要暂停的行上单击鼠标，定位光标；

2）如图 1.5 所示，打开 VC++"组件"菜单中的"开始调试"菜单项，选择"Run to Cursor"子菜单，也可使用 Ctrl+F10 的快捷方式。如果把光标移动到后面的某个位置，再按 Ctrl+F10，程序将从当前的暂停点继续执行到新的光标位置，然后第二次暂停。

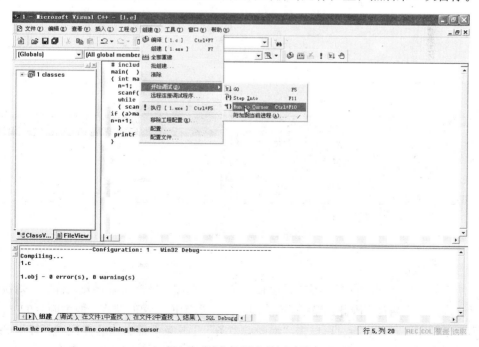

图 1.5　程序执行到光标所在行暂停

方法二：在需暂停的行上设置断点

步骤：1）在需要设置断点的行上单击鼠标，定位光标；

2）单击"编译微型条"工具条上最右边的按钮，如图 1.6 所示，或使用快捷键 F9。

图 1.6　设置断点

设置了断点的行前面会有一个红色圆点标志。

需要注意的是，不论是使用光标定位还是设置断点，其所在的程序行必须是程序执行的必经之路，即不应该是分支结构中的语句，因为该语句在程序执行中受到条件判断的限制，有可能因条件的不满足而不能被执行。这时程序将一直执行到结束或下一个断点为止。

② 设置需要观察的结果变量

按照上面的操作，让程序执行到指定的位置时暂停，目的是为了查看相关的中间结果。在图 1.7 中，左下角窗口中系统自动显示了相关变量的值，其中 n 的值为 1，max、a 的值不正确，因为它们还未被赋值。图中左侧的箭头表示当前程序暂停的位置。

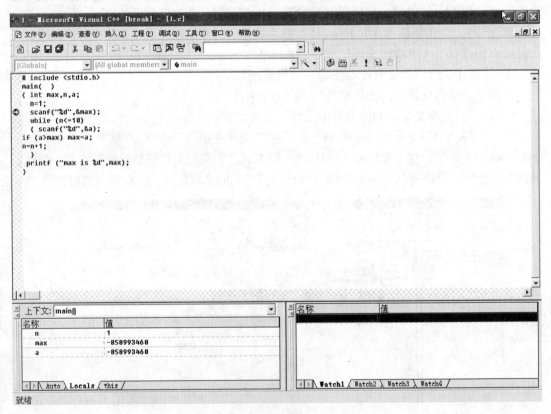

图 1.7　观察变量的结果

③ 取消断点

使用断点可以使程序暂停，但一旦设置了断点，不管你是否还需要调试程序，每次执行程序都会在断点上暂停。因此，程序调试结束后，应取消所定义的断点。取消断点的方法是：先把光标定位在断点所在行，再单击"编译微型条"工具条上最右边的按钮或直接用 F9 键，该操作是一个开关，按一次是设置断点，再按一次就是取消断点。如果有多个断点想全部取消，可以选择"编辑"菜单中的"断点"菜单项，屏幕上会出现"Breakpoints"窗口，如图

1.8 所示,窗口下方列出了所有断点,单击"Remove All"按键,可取消所有断点。

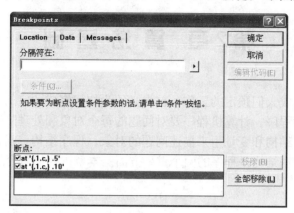

图 1.8　取消所有断点

④ 停止调试

选择"调试"菜单中的"Stop Debugging"菜单项,或使用 Ctrl+F5 的快捷方式,结束调试,恢复到正常的运行状态。

最后,同学们输入并运行本章 1.3 节中的 3 个简单 C 程序,熟悉如何在 VC++系统平台上,编辑、编译、连接和运行一个 C 程序。

第2章 算法基础

要使计算机能完成人们预定的工作，首先必须为如何完成预定的工作设计一个算法，然后再根据算法编写程序。计算机程序要对问题的每个对象和处理规则给出正确详尽的描述，其中程序的数据结构和变量用来描述问题的对象，程序结构、函数和语句用来描述问题的算法。算法和数据结构是程序的两个重要方面。本章中我们将介绍算法的基本知识。

2.1 算法的概述

通常人们把计算机为解决某一问题所需的方法与步骤称为算法（Algorithm）。它是指令的有限序列，其中每条指令表示一个或多个操作。

算法可以分为两大类：一类是科学计算领域用于处理数值数据的算法，例如求定积分、解高阶方程、求极限等；另一类是数据处理领域用于处理非数值数据的算法，例如分类排序、情报检索、计算机绘图等。

2.2 简单算法举例

例 2.1　求 $1 \times 2 \times 3 \times 4 \times 5$。

我们可以设两个变量，一个变量 b 表示被乘数，一个变量 c 表示乘数，将每一步的乘积放在被乘数变量 b 中。用循环算法来求结果。可以将算法描述如下。

　　S1：1→b
　　S2：2→c
　　S3：使 b×c，乘积仍放在变量 b 中，即 b×c→b
　　S4：c+1→c
　　S5：如果 c≤5，则返回 S3 重新执行；否则，打印 b，算法结束。

可以看出，用这种方法表示的算法具有通用性、灵活性。在实现算法时，反复多次执行 S3 到 S5 组成的这个循环，直到乘数 c 超过规定的数值，此时算法结束，变量 p 中的值就是所求的结果。

由于计算机是高速自动运算的机器，实现循环是很容易的事，所以计算机高级语言中都有实现循环的语句。

例 2.2　依次输入 10 个数，要求将其中最大的数打印出来。

我们可以设三个变量，一个变量 n 用来计数，控制输入的数的个数；一个变量 max 表示最大数，将每一步比较过后的最大数存放在 max 中；一个变量 a 用来存放输入的数。该算法可以描述如下。

　　S1：1→n
　　S2：输入 max 的值
　　S3：如果 n>10，则打印输出 max；否则，输入下一个数 a

S4：判断 a 是否大于等于 max，如是，则 a→max；否则，n+1→n，并返回 S3 重新执行

在该算法中，第一次输入的值我们直接存入 max 中，是因为此时只输入了一个数，无需比较肯定是最大数。反复多次比较过程中，始终让临时最大数保存在 max 中，当输入次数超过 10 次时，算法结束，变量 max 中的值就是所求的结果。

2.3 算法的特性

一个算法应具有以下特性。

（1）有穷性。一个算法必须总是（对任何合法的输入值）在执行有穷步之后结束，且每一步都可在有穷时间内完成。

（2）确定性。算法中每一条指令必须有确切的含义，读者理解时不会产生二义性，并且在任何条件下，算法只有唯一的一条执行路径，即对于相同的输入只能得出相同的输出。

（3）输入。一个算法有零个或多个输入，这些输入取自于某个特定的对象的集合。

（4）输出。一个算法有一个或多个输出，这些输出是同输入有着某些特定关系的量。

（5）有效性。算法的每一步所规定的动作都能有效地执行。例如，一个数被零除就不能有效地执行。

2.4 怎样表示一个算法

可以用不同的方法来表示一个算法，常用的方法有自然语言、传统流程图、N-S 流程图、伪代码和计算机语言等。

2.4.1 用自然语言表示算法

上一节中的算法是用自然语言表示的。自然语言就是人们日常使用的语言，可以是中文、英语或其他语言。用自然语言表示算法通俗易懂，但文字冗长、容易出现歧义。自然语言表达的含义往往不太严格，要根据上下文才能判断其正确含义。此外，用自然语言描述包含分支和循环的算法时，不是很方便。因此，我们一般用自然语言来描述较为简单的问题。

2.4.2 用流程图表示算法

流程图是用一些图框表示各种操作。使用图形表示算法，直观形象、易于理解，是一种很好的方法。美国国家标准化协会（ANSI，American National Standard Institute）规定了一些常用的流程图符号（见表 2.1），已被各国普遍采用。

表 2.1　常用的流程图符号

符　　号	含　　义	符　　号	含　　义
▢	起止框	▱	输入输出框
◇	判断框	↓→	流程线
▭	处理框	◯	连接点

表 2.1 中的菱形判断框是用来对一个给定的条件进行判断，根据条件是否成立来决定如何执行其后的操作。它一般有一个入口，两个出口。

圆形的连接点是用来将画在不同地方的流程线连接起来。使用连接点，可以避免流程线的交叉或过长，使流程图看起来清晰简洁。

下面对上一节中所举的两个算法的例子，改用流程图表示。

例 2.3　将例 2.1 中求 5! 的算法用流程图表示，如图 2.1 所示。

菱形判断框两侧的"Y"和"N"分别代表"是"和"否"。如果需要将最后结果打印出来可以在判断框的下面再加一个输出框。

例 2.4　将例 2.2 的算法用流程图表示。依次输入 10 个数，要求将其中最大的数打印出来，如图 2.2 所示。在此流程图中包含了输入数据和输出数据的部分。

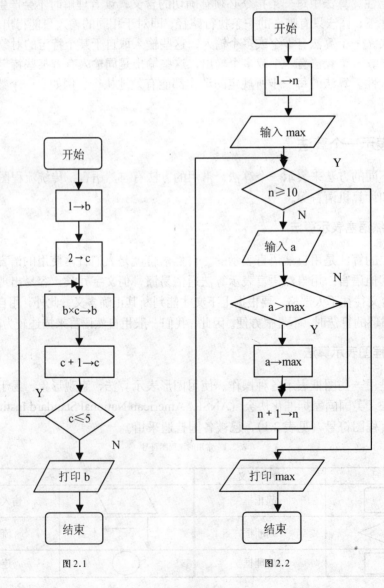

图 2.1　　　　　　　　　　　　　　图 2.2

2.4.3 用 N-S 流程图表示算法

1973 年美国学者 I.Nassi 和 B.Shneiderman 提出了一种新的流程图形式。这种流程图的主要特点就是取消了流程线，全部算法由一些基本的矩形框图顺序排列组成一个大矩形表示，即不允许程序任意转换，而只能顺序执行，从而使程序设计结构化。

N-S 流程图也是流程图中的一种很好的表示方法，对应于三种基本结构的 N-S 流程图，如图 2.3 所示。

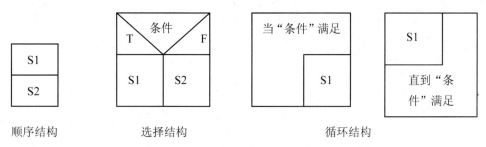

顺序结构　　　　　选择结构　　　　　循环结构

图 2.3　N-S 流程图的三种基本控制结构

图中"s1"或"s2"既可以是简单功能的操作，如数据赋值、数据的输入或输出等，也可以是三种基本控制结构中的一种。

通过下面的两个例子，读者可以了解如何用 N-S 流程图来表示算法。

例 2.5　将例 2.1 的求 5! 的算法用 N-S 流程图表示，如图 2.4 所示。

例 2.6　将例 2.2 的算法用 N-S 流程图表示。依次输入 10 个数，要求将其中最大的数打印出来，如图 2.5 所示。

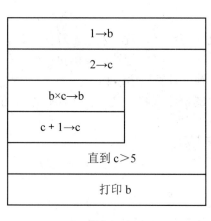

图 2.4

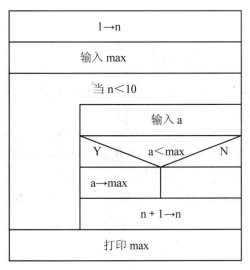

图 2.5

2.4.4 用伪代码表示算法

用流程图的方式表示算法，直观易懂，但画起来比较费事，特别是在对流程图进行反复修改时，将比较麻烦。为了使设计和修改算法变得相对容易，我们可采用伪代码（pseudo code）的方式。

伪代码是一种介于自然语言与计算机语言之间的算法描述方法。它结构性较强，比较容易书写和理解，修改起来也相对方便。其特点是不拘泥于语言的语法结构，而着重以灵活的形式表现被描述的对象。它利用自然语言的功能和若干控制结构来描述算法。

例 2.7　将例 2.1 的求 5! 的算法用伪代码表示。

```
begin
  1→b
2→c
while c≤5
{ b×c→b
   c+1→c }
  print b
 end
```

例 2.8　将例 2.2 的算法用伪代码表示。依次输入 10 个数，要求将其中最大的数打印出来。

```
begin
  1→n
  input max
  while n<10
 { input a
  if a>max then a→max
  n+1→n }
  print max
 end
```

2.4.5　用计算机语言表示算法

迄今为止，我们都只是描述了算法，而要得到运算结果，就必须实现算法。计算机是无法识别流程图和伪代码的，只有用计算机语言编写的程序才能被计算机执行。因此，在用流程图或伪代码描述出一个算法后，还要将它转换成计算机语言程序。

用计算机语言表示算法必须严格遵循所用语言的语法规则，这是和伪代码最大的不同点。我们将用 C 语言来表示前面的算法。

例 2.9　将例 2.1 的求 5! 的算法用计算机语言表示。

```c
# include <stdio.h>
  main ( )
  { int b,c;
   b=1; c=2;
   while (c<=5)
     { b=b*c;
      c=c+1;
      }
   printf ( "5!=%d",b);
```

```
      }
```

例 2.10   将例 2.2 的算法用计算机语言表示。依次输入 10 个数，要求将其中最大的数打印出来。

```
# include <stdio.h>
main( )
  { int max,n,a;
    n=1;
    scanf( "%d" ,&max);
    while (n<10)
      { scanf( "%d" ,&a);
    if (a>max) max=a;
    n=n+1;
      }
    printf ( "max is %d" ,max);
  }
```

2.5   结构化程序设计方法

前面我们介绍了算法和三种基本结构。实践证明，基于三种基本结构编写的程序是便于书写、便于阅读和便于维护的。

当我们在编写一个比较简单的算法时，可以轻而易举地使用三种基本结构写出算法。但是，当问题越来越复杂，难以一下子描述清楚时，我们可以考虑使用结构化程序设计方法来设计算法（或程序）。

结构化程序设计是由 E.Dijkstra 在 1969 年提出的，它强调程序设计风格和程序结构的规范化，提倡清晰的结构。结构化程序设计方法就是把一个复杂问题的求解过程分阶段进行，每个阶段处理的问题都控制在人们容易理解和处理的范围之内。结构化程序设计的基本思想是采用"自顶向下，逐步求精"的程序设计方法和"单入口单出口"的控制结构。"自顶向下，逐步求精"的程序设计方法是指从问题本身出发，经过逐步细化，将解决问题的步骤分解为由基本程序结构模块组成的结构化程序框图；"单入口单出口"的思想认为一个复杂的程序，如果它仅由顺序、选择和循环三种基本程序结构通过组合、嵌套构成的话，那么这个新构造的程序一定是一个单入口单出口的程序。据此就很容易编写出结构良好、易于调试的程序来。

具体来说，结构化程序设计方法包括：（1）自顶向下，（2）逐步细化，（3）模块化设计，（4）结构化编码。

我们可以举一个例子来说明这种方法的应用。

例 2.11   将四个数 a，b，c，d 按照从大到小的顺序输出。

现在我们可以考虑把这个问题分为如下两个步骤。

S1：对这四个数字进行从大到小排序，将最大的放在 a 中，最小的放在 d 中
S2：将 a,b,c,d 依次输出

那么现在看来，比较难解决的就是 S1 了。下面我们来集中解决 S1。

如果 a，b，c 是有序的，那么直接将 d 插入这个有序队列并保持有序就可以实现。于是，对四个数字的排序问题就进一步被分解成对 a，b，c 排序（S11），然后将 d 插入 a，b，c 中（S12）这两个问题了。

同理，我们可以将 S11 分解成对 a，b 排序（S111），然后将 c 插入 a，b 中（S112）这两个问题了。

我们可以画出该问题的结构化设计图，如图 2.6 所示。

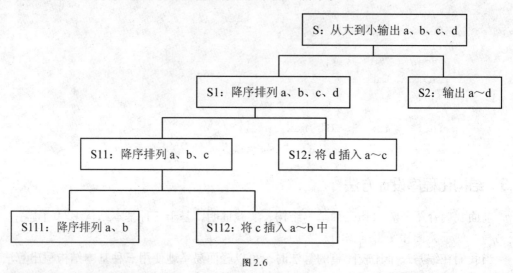

图 2.6

如此一来，我们就可以将"从大到小输出 a、b、c、d"这个大问题，分解为四个小问题，依次解决这四个小问题，就可以解决大问题了。这四个小问题分别是：

S111：a，b 降序排列
S112：将 c 插入到 a~b 队列中，并保持降序
S12：将 d 插入到 a~c 队列中，并保持降序
S2：输出 a~d

设计好一个结构化的算法之后，还要善于进行结构化编码，即用高级语言来实现这个算法。如果所用的语言是结构化语言，则直接有与三种基本结构对应的语句，那么进行结构化编程就是一件相对较容易的事了。

【本章小结】

学习程序设计的目的不只是学习一门特定的编程语言，而是学习程序设计的一般方法。掌握了算法也就是掌握了程序设计的方法，待学完相关的编程语言后，就能顺利编写出任何一种语言的程序。

本章介绍了算法的概念与特征，并对常用的算法表示方法（自然语言、流程图、伪代码）分别举例进行了阐述，最后还介绍了结构化程序设计方法。

【练习与实训】

一、简答题

1．什么是算法？算法具有哪些重要特征？

2．什么是结构化程序设计方法？结构化程序设计的基本思想是什么？

二、分别用传统流程图、N-S 流程图和伪代码来表示下面的算法

1．求 1+2+3+4+5+6+7+8+9+10。

2．判断 2000～2005 年中的哪些年是闰年，并将结果输出。

第 3 章　数据类型、运算符与表达式

　　数据是程序处理的对象，数据可以依其自身的特点进行分类。我们知道在数学中有整数、实数等概念，在日常生活中需要用字符串来表示人的姓名和地址，有些问题的回答只能是"是"或"否"。不同类型的数据有不同的处理方法。例如，整数和实数可以参加算术运算；字符串可以拼接；逻辑数据可以参加"与"、"或"、"非"等逻辑运算。

　　我们编写计算机程序，目的就是为了解决客观世界中的现实问题。所以，高级语言中为我们提供了丰富的数据类型和运算。

　　本章将介绍构成 C 语言的基本要素，包括基本数据类型、运算符、表达式等内容。

3.1　C 语言的基本数据类型

　　C 语言有丰富的数据类型。C 语言的数据类型如图 3.1 所示，分为基本类型和导出类型。基本类型包括整型和浮点型。整型又包括各种整型、字符型和枚举型；浮点型又分为不同的精度。导出类型包括数组、指针、结构和联合。从数据的结构上分，基本类型和指针是简单类型，其变量只含有一个分量；除指针以外的导出类型是构造类型。其变量含有多个分量。

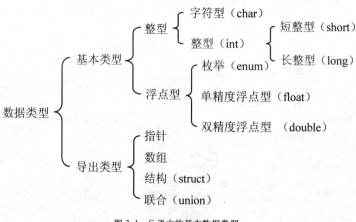

图 3.1　C 语言的基本数据类型

　　C 语言中数据有常量与变量之分，它们也属于上面的这些类型。由以上这些数据类型还可以构成更复杂的数据结构。在 C 语言中对用到的所有数据都必须指定其数据类型。

3.2　常量与变量

　　程序中的常量可以分为两种形式。一种是文字常量，它是由表示值的文字本身直接表示的常量，例如整数 123 和浮点数 2.34 就是两个文字常量。另一种是符号常量，它是用标识符表示的文字常量，标识符是文字常量的名称。

3.2.1 常量和符号常量

常量是程序执行前值已知，执行过程中不能改变的数据。C 程序的常量有整数常量、浮点常量、字符常量、字符串常量和枚举常量。

为使程序易于阅读和便于修改，可以给程序中经常使用的常量定义一个具有一定含义的名字，这个名字称为符号常量，一个符号常量是一个标识符。

例 3.1 用符号常量表示 π 值。

```
# include <stdio.h>
   # define PI 3.14
   main ( )
   { float r, s;
     printf ("input r:")
     scanf ("%f", &r);
     s=PI*r*r;
     printf ("s=%f\n",s);
   }
```

在上面例子的首行中，我们将标识符 PI 定义成 π 值 3.14。程序中凡出现 π 值 3.14 的地方都用 PI 来表示，如果想将 π 的值改成 3.1415，则只需将第一行中的 3.14 改成 3.1415 即可。

当一个常量在程序中多次出现时，使用符号常量不仅可以方便修改而且还可以保持数据的一致性。此外，使用符号代替常量，使常量的含义更明确，增强程序的可读性。

3.2.2 变量

变量是执行过程中值可以被改变的数据。一个变量应该有一个名字，并且在内存中占据一定的存储单元，在该存储单元中存放变量的值。变量名实际上是一个符号地址，在对程序编译连接时由系统给每一个变量名分配一个内存地址。在程序中从变量中取值，实际上是通过变量名找到相应的内存地址，然后从相应的存储单元中读取数据。

和其他高级语言一样，用来表示变量名、符号常量名、函数名、数组名、文件名、类型名的有效字符序列称为标识符（identifier）。简单地说，标识符就是一个名字。

C 语言规定标识符只能由字母、数字和下划线三种字符组成，且第一个字符必须为字母或下划线。例如，r, Student_name, _total, a1 等都属于合法的标识符，也是合法的变量名。

注意，大写字母和小写字母被认为是两个不同的字符。因此，在同一程序中 A 和 a 是两个不同的变量名。一般变量名用小写字母表示，符号常量名用大写字母表示。

常量的类型是由常量自身隐含说明的，不需要作显示说明。变量的类型必须作显示说明，C 语言程序中任何变量都必须遵循"先定义后使用"的原则，以便于编译程序为变量分配适当长度的存储单元以及确定变量所允许的运算。

变量定义语句的形式如下：

数据类型   变量名 1，变量名 2，…，变量名 n；

在同一语句中可以定义同一类型的多个变量。例如：

```
int num, total;
float v,r,h;
```

上面两条语句定义了两个 int 型变量和三个 float 型变量。

3.3 整型数据

本节将介绍整型常量的表示方法、整型数据在内存中的存放形式以及整型数据的类型。

3.3.1 整型常量的表示方法

整型常量即以文字形式出现的整数，包括正整数、负整数和零。C 语言中，整型常量的形式表示有十进制、八进制和十六进制。

十进制整型常量的一般形式与数学中我们所熟悉的表示形式是一样的。

[±] 若干的 0~9 的数字

即符号加若干个 0~9 的数字，但数字部分不能以 0 开头，正数前边的正号可以省略。例如，738，-25，0，+19 都是合法的整数。

八进制整型常量的数字部分要以数字 0 开头，一般形式为：

[±] 若干的 0~7 的数字

例如，0137，030，+0632，-024 都是合法的八进制整数。

十六进制整型常量的数字部分要以 0x 开头，一般形式为：

[±] 若干的 0~9 的数字及 A~F 的字母（大小写均可）

例如，0x13a，0XC32，+0xb8ff，-0xdc 都是很法的十六进制整数。

3.3.2 整型数据在内存中的存放形式

数据在内存中是以二进制形式存放的，如果定义了一个整型变量 a；

```
int a;
i= 12;
```

十进制数 12 的二进制形式为 1100，在 TC 的编译环境中，int 型变量在内存中占 2 个字节。图 3.2 表示数据在内存中的实际存放情况。

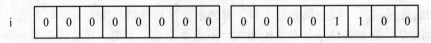

i | 0 | 0 | 0 | 0 | 0 | 0 | 0 | 0 | | 0 | 0 | 0 | 0 | 1 | 1 | 0 | 0

图 3.2　12 在内存中的实际存放情况

实际上，数值是以补码的形式表示的。一个正数的补码和其原码的形式相同。如果数值是负的，那么就必须求出其补码。求补码的方法是：将该数绝对值的二进制形式，按位取反后加 1。例如求 -12 的补码，先取 -12 的绝对值 12，12 的二进制形式为 0000000000001100，接着对其取反得到 1111111111110011，最后加 1 得 1111111111110100。

通过上面的例子可以看出，一个整数的 16 位中，最左边的一位是符号位，该位为 0 时，表示数值为正；为 1 时，表示数值为负。

3.3.3 整型数据的类型

C 语言中的整型数据类型见表 3.1。

表 3.1 整数数据类型

类 型	长度（字节）	取值范围
[signed] int	4	-2147483648～2447483647
unsigned int	4	0～4294967295
[signed] short [int]	2	-32768～32767
unsigned short [int]	2	0～65535
long [int]	4	-2147483648～2447483647
unsigned long [int]	4	0～4294967295

在上表中，[ ]内的部分是可以省略的。关键字 signed 和 unsigned，以及关键字 short 和 long 被称为修饰符。

用 short 修饰 int 时，short int 表示短整型，占 2 个字节。用 long 来修饰 int 时，long int 表示长整型，占 4 个字节。从上表中可以看到，int 和 long 型，所占的字节数是一样的，那么，为什么语法中要规定两种不同的数据类型呢？这是因为，int 型所占的字节数在不同的系统中有可能不一样，表中列出的是在 VC++6.0 编译环境中的情况。short 型和 long 型的字节数是固定的，任何支持 C 的编译系统中都是如此。所以如果需要编写可移植性好的程序，应将整型数据定义为 short 型或 long 型。

singed 表示有符号数，unsigned 表示无符号数。有符号整数在计算机内是以二进制补码形式存储的，其最高位为符号位。无符号数整数只能是正数，在计算机内是以绝对值形式存放的。

整型常量可以用后缀字母 L（或 l）表示长整型，后缀字母 U（或 u）表示无符号型，后缀字母 UL（或 ul）表示无符号长整型。例如：27L，0400u，0xb8000000UL。

当整数的值超出 int 类型所能表示的范围时称为整数溢出。整数溢出会产生不正确的结果。为避免溢出或类型转换的需要，应根据具体情况将整数相应的表示为长整数、无符号整数或无符号长整数。

3.4 实型整数

本节将介绍实型常量的表示方法、实型数据在内存中的存放形式以及实型数据的类型。

3.4.1 实型常量的表示方法

实数（real number）又称为浮点数（floating-point number）。实数有两种表示形式：一般形式和指数形式。

一般形式：由数字和小数点组成（必须有小数点）。例如，12.3，-12.3，123 等。

指数形式：例如，0.345E+2 表示 0.345×10^2，-34.4E-3 表示-34.4×1^{-3}，其中，字母 E 可以大写或小写。当以指数形式表示一个实数时，整数部分和小数部分可以省略其一，但不能全部省略。例如，-123E-1，12.E2 都是正确的。

一个实数可以有多种指数表示形式。例如 123.456 可以表示为 123.456E0、1.23456E2、0.0123456E4、12345.6E-2 等。我们把其中的 1.23456E2 称为"规范化的指数形式"，即在字母 E（或 e）之前的小数部分中，小数点左边应有一位（且只能有一位）非零的数字。一个实数在用指数形式输出时，是按规范化的指数形式输出的。

3.4.2 实型数据在内存中的存放形式

一个实型数据一般在内存中占 4 个字节。与整型数据的存储方式不同，实型数据是按指数形式存储的。系统把一个实型数据分成小数部分和指数部分，分别存放。指数部分采用规范化的指数形式。实数 2.7524 在内存中的存放形式可以用图 3.3 所示。

图 3.3　2.7524 在内存中的存放形式

图中是用十进制数来示意的，实际上在计算机中式用二进制来表示小数部分以及用 2 的幂次来表示指数部分的。

在 4 个字节中，究竟用多少位来表示小数部分，多少位来表示指数部分，由 C 编译系统自定。C 编译系统一般用 24 位表示符号和小数部分，用 8 位表示指数部分（包括指数的符号）。小数部分的位数越多，数的精度越高；指数部分的位数越多，能表示的数值范围越大。

3.4.3 实型数据的类型

C 语言中的实型数据类型见表 3.2。

表 3.2　实数数据类型

类　　型	长度（字节）	取值范围
float	4	$3.4 \times 10^{-38} \sim 3.4 \times 10^{38}$
double	8	$1.7 \times 10^{-308} \sim 1.7 \times 10^{308}$
long double	8	$1.7 \times 10^{-308} \sim 1.7 \times 10^{308}$

上表中，float 表示浮点数，即实数；double 表示双精度浮点数。

有的编译系统将 double 型所增加的 32 位全部用于存放小数部分，增加数值的有效位数，减少误差。有的系统则将所增加的位用于存放指数部分，以扩大数值的范围。

可在实型数据后加 F（或 f）表示单精度浮点数，加 L（或 l）表示双精度浮点数。

当浮点数超出它的类型所能表示的范围时将产生浮点溢出。如果浮点数的绝对值小于所能表示的最小值则下溢，下溢时绝对值太小以致机器不能表示而产生零值，称为"机器零"。下溢时程序可能不能正常运行。当浮点数的绝对值大于所能表示的最大值时将产生上溢。上溢时将产生错误的结果。因此，在编程时，可根据数据存储的需要、或精度的需要、或类型转换的需要将浮点数表示为适当的类型。

3.5 字符型数据

本节将介绍字符常量、字符数据在内存中的存储形式和字符串常量。

3.5.1 字符常量

字符常量是单引号括起来的一个字符，如 'a'，'D'，'?'，'$' 等。

另外，还有一些字符是不可显示字符，也无法通过键盘输入，例如响铃、换行、制表符、回车等。这样的字符常量该如何写到程序中呢？C 语言为我们提供了一种称为转义字符的方法来表示这些字符常量。转义字符是由反斜线（＼）开头的一个特殊字符串，转义字符及其含义见表 3.3。

表 3.3 转义字符及其含义

字符形式	ASCII 码（十六进制）	含 义
\0	00	空字符
\a	07	响铃
\b	08	退格
\f	0c	换页
\n	0a	换行
\r	0d	回车
\t	09	水平制表
\v	0b	垂直制表
\\	5c	反斜线字符
\'	27	单引号
\"	22	双引号
\nnn	00～ff	、1 到 3 位八进制数所代表的字符
\xhh	00～ff	1 到 2 位十六进制数所代表的字符

上表中的 nnn 表示 1 到 3 位八进制数字，可以不用前缀 0；hh 表示 1 到 2 位十六进制数，x 是前缀不能省。'nnn' 和 'xhh' 表示以 nnn 或 xhh 为字符码的字符。例如，一个水平制表字符可以用三种形式表示：'\t'，'\11'，'\xb'。

单引号、双引号和反斜线字符虽然是可打印字符，但编译程序规定，单引号、双引号和反斜线字符必须用转义字符表示。

字符'\0'是值为 0 的字符（空字符），不是空白字符。'\0' 除表示 0 值外，它还强调对象的类型是字符。

字符数据在内存中以 ASCII 码的形式存储，每个字符占一个字节。

3.5.2 字符数据在内存中的存储形式

将一个字符常量放到一个字符变量中，实际上并不是把该字符本身放到内存单元中，而是将该字符的 ASCII 代码放到存储单元中。例如字符 'b' 的 ASCII 代码为 98，'c' 的为 99，以二进制存放在内存中分别为：01100010 和 01100011。

既然在内存中，字符数据以 ASCII 码存储，那么它的存储形式就与整数的存储形式类似。C 语言中允许字符型数据和整型数据之间通用。这就意味着，一个字符数据即可以字符形式输出，又可以整数形式输出。以字符形式输出时，需要先将存储单元中的 ASCII 码转换成相应字符，然后输出。以整数形式输出时，直接将 ASCII 码作为整数输出。也可以对字符数据进行算术运算，此时相当于对它们的 ASCII 码进行算术运算。

例 3.2 大小写字母的转换与输出。

```
# include <stdio.h>
  main ( )
  { char c1,c2;
    c1='a'; c2='b';
    c1=c1-32; c2=c2-32;
    printf ("%c,%c\n",c1,c2) ;
    printf( "%d,%d\n",c1,c2) ;
  }
```

运行结果是：A   B

65   66

该程序的作用是将两个小写字母 a 和 b 转换成大写字母 A 和 B。'a' 的 ASCII 码为 97，'A' 的 ASCII 码为 65，'b' 的 ASCII 码为 98，'B' 的 ASCII 码为 66。从中可以看出每一个小写字符都比它相对应的大写字符的 ASCII 码的值大 32，并且 C 语言允许字符数据与整型数据直接进行算术运算，即 'a'-32 得到整数 65。

3.5.3 字符串常量

字符串常量简称字符串，是用一对双引号括起来的字符序列，例如 "China"，"This is a string." 都是字符串常量。由于双引号是字符串的界限符，所以字符串中间的双引号就要用转义字符来表示。例如，"Please enter\" Yes\" or\" No"" 表示的是下列文字：

```
Please enter " Yes" or " No"
```

字符串与字符是不同的两个概念。前者在内存中的存放形式是：按串中字符的排列次序顺序存放，每个字符占一个字节，并在末尾自动添加 '\0' 作为结束标记。图 3.4 表示了字符串 "s" 和字符 's' 在内存中的存储形式。

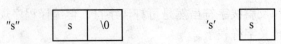

图 3.4 字符串 "s" 和字符 's' 在内存中的存储形式

C 语言中没有专门的字符串变量，如果想将一个字符串存放在变量中，以便保存，必须使用字符数组，即用一个字符型数组来存放一个字符串。数组中每一个元素存放一个字符。

3.6　变量赋初值

程序中常需要对一些变量预先设置初值。C 语言中允许在定义变量的同时使变量初始化。例如，

```
int a=3;
float h=4.67;
char s='a';
```

也可以对被定义的变量的一部分赋初值。例如，

```
int a,b,c=7;
```

表示定义了 a、b、c 三个整型变量，并对 c 赋初值为 7。

初始化不是在编译阶段完成的，而是在程序运行时执行本函数时赋予初值的，相当于有一条赋值语句。例如，

```
float h=4.67;
```

相当于：float h;

　　　　　h=4.67;

这两条语句。

3.7　数值型数据间的混合运算

整型（包括 int，short，long）、实型（包括 floatdouble）可以混合运算。并且，前面讲过，字符型数据也可以与整型数据通用，这就意味着整型、实型、字符型数据间可以混合运算。例如，

```
10+'a'+1.5*'b'
```

是合法的。在进行运算时，不同类型的数据要先转换成同一类型，然后再进行运算。转换的规则如下：

（1）字符型数据（char）、短整型数据（float）必须转换成整型数据（int）。

（2）实型数据（float）在运算时一律转换成双精度型（double），以提高运算精度。

（3）当运算对象为不同类型时，按 int→unsigned→long→double 由低到高的转换顺序进行转换。如 char 型与 float 型数据进行运算，应先将 char 型数据和 float 型数据分别转换成 int 型和 double 型，然后将转换得到的 int 型数据转换成 double 型，最后结果为 double 型。

上述的类型转换是由系统自动完成的。

3.8　算术运算符和算术表达式

下面我们介绍 C 语言的算术运算符与算术表达式。

3.8.1 C 语言运算符概述

C 语言的运算符十分丰富，由运算符构成的表达式形式多样、使用灵活。运算符的分类方式较多，按操作数的数目分类有一元运算符、二元运算符和三元运算符；按运算符的功能分类有算术运算符、关系运算符、逻辑运算符、自增和自减运算符、位运算符和条件运算符。这些运算符统称为一般运算符。此外表示数组下标的"[ ]"，表示函数调用的"( )"，表示顺序数值的逗号"，"，以及类型转换符"(类型名)"也都作为运算符看待。

表达式是有运算符和操作数组成的符合 C 语法的算式。从本质上说，表达式是对运算规则的描述并按规则执行运算，运算的结果是一个值，称为表达式的值，其类型称为表达式的类型。

单个操作数也是表达式。常量、变量、有返回值的函数调用和用 ( ) 括起来的表达式称为简单表达式，简单表达式和以简单表达式为操作数的表达式都是表达式。

表达式的运算规则是由运算符的功能和运算符的优先级与结合性决定的。当一个表达式中包含多个运算符时，先进行优先级高的运算，再进行优先级低的运算。如果表达式中出现了多个相同优先级的运算，运算顺序就取决于运算符的结合性了。所谓结合性是指当一个操作数左右两边的运算符优先级相同时，规定按怎样的顺序进行运算，是自左向右，还是自右向左。C 语言中的所有运算符及其优先级别见表 3.4。

表 3.4 运算符的优先级和结合性

优先级	运算符	结合性
1	( ) [ ] —> ·	自左向右
2	! ~ ++ —— （类型） * & sizeof	自右向左
3	* / %	自左向右
4	+ —	自左向右
5	<< >>	自左向右
6	< <= > >=	自左向右
7	== !=	自左向右
8	&	自左向右
9	∧	自左向右
10	|	自左向右
11	&&	自左向右
12	||	自左向右
13	? :	自右向左
14	= += -= *= /= %= >>= <<= &= ∧= ! =	自右向左
15	,	自左向右

上表中，所有运算符被分为 15 个优先级，1 级为最高，15 级为最低。除 2 级、13 级和 14 级时自右向左结合外，其余各级为自左向右的运算顺序。

3.8.2 算术运算符和算术表达式

1．基本算术运算符

基本算术运算符有：+（加）、－（减或负号）、*（乘）、/（除）、%（取余）。其中"－"作为负号时为一元运算符，其余的都是二元运算符。这些基本算术运算符的意义与数学中相应符号的意义是一致的。它们之间的相对优先级关系与数学中也是一致的，即先乘除、后加减，同级运算自左向右进行。

"%"是取余运算，只能用于整型操作数，表达式 a%b 的结果是 a 被 b 除的余数。当"/"用于两整数相除时，其结果取商的整数部分，小数部分被自动舍弃。因此，表达式 1/2 的结果为 0，这一点需要特别注意。

2．强制类型转换运算符

可以用强制类型转换运算符将一个表达式转换成所需形式，其一般形式为：

（类型名）（表达式）

例如，

```
float z=2.34, fraction_part;
int whole_part;
whole_part = (int)z;        /*将 float 型转换为 int 型时，取整数部分，舍去小数部分*/
fraction_part = z-(int)z;  /*将 z 减去其整数部分，得到小数部分*/
```

使用强制类型转换时，应该注意：

（1）这是一种不安全的转换。将高精度数据转换成低精度数据时，容易造成数据的丢失。

（2）这种转换是暂时的、一次性的。在上面的例子中第 3 行，强制类型转换 int（z）只是将 float 型变量 z 的值取出来，临时转换为 int 型，然后赋给 whole_part。这是变量 z 所在的内存单元中的值并未真正改变，因此，在第 4 行中再次使用 z 时，仍然是 z 原来的浮点类的数值。

3．自增、自减运算符

自增和自减运算符包括：++（增 1）－－（减 1）

"++"和"－－"是单目运算符，其操作数只能是变量。

"++"和"－－可以出现在操作数的前面（前缀式）或后面（后缀式），例如，

++i，－－i 表示先将操作数的值加（减）1，然后取操作数的新值作为表达式的结果

i++，i－－ 表示将操作数增（减）1 之前的值作为表达式的结果，操作数的增（减）1 运算是在引用表达式的值之后完成的。

例 3.3 通过下面的程序说明后缀式"++"和"－－"的运算情况。

```
# include <stdio.h>
   main ( )
```

```
{ int x=0, y=1;
  printf ("x=%d, y=%d\n",x,y);
  printf ("x++=%d\n", x++);
  printf ("y++=%d\n", y－－);
  printf ("x=%d, y=%d\n",x,y);
}
```

运行结果是：　　x=0,y=1

x++=0

y--=1;

x=1,y=0

　　程序中的第 2 行和第 3 行分别输出 x 增 1 和 y 减 1 之前的值，但在执行第 4 个语句时，含有 x++和 y--的函数调用均已完成，所以输出 x 增 1 和 y 减 1 之后的值。

3.9　赋值运算符和赋值表达式

　　"赋值"就是把值存入变量对应的存储单元。C 语言中赋值操作是作为一种表达式来处理的，赋值运算符（=）可以和算术运算符及双目位运算符结合成一个复合赋值运算符。赋值表达式简洁、使用灵活，是 C 语言的又一特色。

3.9.1　简单赋值

　　简单赋值符号"="的作用就是将一个数据赋给一个变量。如"a=7"的作用就是执行一次赋值运算后，把常量 7 赋给变量 a。也可以将一个表达式赋值给一个变量。如"a=x+3"。

　　如果赋值运算符两侧的类型不一致，但都是数值型或字符型时，在赋值时要进行类型转换。赋值转换的规则是：赋值运算符右边对象的类型被转换成左边对象的类型。赋值转换是由系统自动隐含进行的强制性转换，转换的结果类型完全由赋值运算符左边对象的类型决定。例如，

```
int n;
char c;
float x;
```

则表达式

```
n=x+c
```

　　所进行的类型转换过程为：变量 c 先被转换成 float 型，与变量 x 进行+运算，其 x+c 的结果（float 型）在赋值时，被转换成 int 型，最后赋值表达式的结果为 int 型。

3.9.2　复合的赋值运算符

　　除了"="以外，C 语言还提供了 10 种复合的赋值运算符：+=, -=, *=, /=, %=, >>=, <<=, &=, ∧=, ! =。其中前 5 个是赋值运算符与算术运算符复合而成的，后 5 个是赋值运算符与位运算符复合而成的。这 10 种复合的赋值运算符都是二元运算符，优先级与"="

相同，结合性是自右向左。现通过下面的例子来说明复合赋值运算符的功能，例如，

```
a+=3    等价于 a=a+3
x*=y+8   等价于 x=x*(y+8)
a+=a-=a*a  等价于 a=a+(a=a-(a*a))
```

3.9.3 赋值表达式

由赋值运算符将一个变量和一个表达式连接起来的式子称为"赋值表达式"。它的一般形式为：

<变量> <赋值运算符> <表达式>

赋值表达式求解的过程就是，将赋值运算符右侧的表达式的值赋给左侧的变量。赋值表达式的值就是被赋值的变量的值。赋值表达式的类型就是被赋值的变量的类型。例如，

```
a=(b=8)/(c=2)
```

该表达式中，b 等于 8，c 等于 2，a 等于 4，所以表达式的值为 4。

如果我们在赋值表达式后面加上分号，便将表达式变成了赋值语句。例如，

```
a-=4;
```

便是一个赋值语句，它实现的功能与赋值表达式相同。赋值表达式与赋值语句的不同点在于，前者可以作为一个更复杂的表达式的一部分继续参与运算，而后者却不能。

3.10 逗号运算符和逗号表达式

逗号运算符","是顺序求值运算符，由逗号运算符将两个表达式连接起来。其一般形式为：

表达式 1，表达式 2

逗号表达式的求解过程是：先求解表达式 1，再求解表达式 2。整个逗号表达式的值是表达式 2 的值。对逗号运算符不进行类型转换。例如，

（1）设 int t=5;则

```
t++,t%3
```

结果为 0，类型为 int 型。在计算表达式 2 之前，变量 t 完成自加 1 的运算，因而到 t%3 时，就是 6%3=0。

（2）设 float x=1;则

```
x=1.25,x*4;
```

结果为 5.0，类型为 float 型。表达式 1 是一个赋值表达式，在计算表达式 2 时，x 的值已经变为 1.25，所以 x*4=1.25*4=5.0

（3）设 int a,b; char c;则

```
a=1,b=2,c='3'
```

结果为'3'，类型为 char 型。由于逗号运算符是自左向右结合，所以上面的表达式可看成是

```
(a=1,b=2),c='3'
```

表达式 1 是一个嵌套的表达式。对由 n 个表达式构成的 n-1 层嵌套的逗号表达式，其结果与类型与最右一个表达式相同。

注意，逗号（,）字符有两种完全不同的用途，一种是作为逗号运算符，另一种是作为分隔符。应根据逗号出现的上下文语法将二者严格区分，例如，

```
printf("%d,%d,%d",a,b,c);
printf("%d,%d,%d",(a,b,c),b,c);
```

第 1 个语句中的"a,b,c"并不是一个逗号表达式，它是 printf 函数的 3 个参数，参数间用逗号相隔。第 2 个语句中的"(a,b,c)"则是一个逗号表达式，它的值等于 c 的值，此时括号内的逗号不是参数间的分隔符而是逗号运算符，括号中的内容是一个整体，作为 printf 函数的一个参数。

【本章小结】

数据是程序处理的对象，数据可以依其自身的特点进行分类。C 语言中的数据类型分为基本类型和导出类型。C 语言的基本数据类型主要有两大类整型（int）、浮点型（float），因为字符型（char）从本质上说也是整型数据。此外，C 语言中还提供了丰富的运算符，由运算符构成的表达式形式多样、使用灵活。本章中着重介绍了算术运算符、赋值运算符和逗号运算符及其它们的表达式。

【练习与实训】

一、填空题

1．C 语言的标识符只能由大小写字母、数字和下划线三种字符组成，而且第一个字符只能是_____。

2．在 C 语言中，不同运算符之间运算次序存在_____的区别，同一级运算符之间运算次序存在_____的规则。

3．在 C 语言(以 VC++系统为例)中，一个 char 型数据在内存中所占字节数为_____，一个 float 型数据在内存中所占字节数为_____，一个 short 型数据在内存中所占字节数为_____，一个 long 型数据在内存中所占字节数为_____，一个 double 型数据在内存中所占字节数为_____。

4．字符常量使用一对_____界定单个字符，而字符串常量使用一对_____来界定若干个字符的序列。

5．设 x,i,j,k 都是 int 型常量，表达式 x=(i=4,j=16,k=32)计算后，x 的值为_____。

6．设 x=2.5,a=7,y=4.7,则 x+a%(int)(x+y)/4 为_____。

7．设 int a;float f;double i;则表达式 10+'a'+i*f 值的数据类型是_____。

8．定义 double x=3.5,y=3.2;则表达式(int)x*0.5 的值是_____，表达式 y+=x++的值是_____。

二、选择题

1．以下选项中合法的实型常量是（ ）。

    A．0   B．0.327×10^2 C．2.1E3.1   D．2.1E3

2．以下选项中不合法的标识符是（ ）。

    A．_123   B．S_1   C．a$ D．an

3．以下叙述中正确的是（ ）。

    A．a 是实型变量，C 允许进行以下的赋值 a=10，因此可以这样说，实型变量允许赋与整型值

    B．在赋值表达式中，赋值号左边的既可以是变量也可以是任意表达式

    C．执行表达式 a=b 后，在内存中 a 和 b 存储单元中的原有值都将被改变，a 的值已由原值改变为 b 的值，b 的值不变

    D．已有 a=3,b=5。当执行了表达式 a=b, b=a 之后，使 a 中的值变为 5，b 中的值变为 3

4．在 C 语言中，字符型数据在内存中以（ ）形式存放。

    A．原码   B．反码   C．BCD 码   D．ASCII 码

三、写出以下程序运行的结果

1．main ( )

```
{ int  a=1,b;
b=++a*++a;
printf ("%d\n",b);
}
```

2．main ( )

```
{ float x=4.9;
int y;
y=(int)x;
printf("x=%f,y=%d",x,y);
}
```

3．main ( )

```
{ int i,j,m,n;
   i=8;  j=10;
   m=++i;  n=j++;
   printf("%d,%d,%d,%d",i,j,m,n);
}
```

四、实训题：数据类型、表达式、运算符

输入并运行下面的程序。

1．用符号常量表示 π 值。

```c
# include <stdio.h>
# define PI 3.14
   main ( )
   { float r, s;
     printf ( "input r:" );
     scanf ( "%f" , &r);
     s=PI*r*r;
     printf ( "s=%f\n" ,s);
   }
```

2．大小写字母的转换与输出。

```c
# include <stdio.h>
   main ( )
   { char c1,c2;
     c1='a'; c2='b';
     c1=c1-32; c2=c2-32;
     printf ("%c,%c\n" ,c1,c2) ;
     printf( "%d,%d\n" ,c1,c2) ;
   }
```

3．通过下面的程序说明后缀式 "++" 和 "--" 的运算情况。

```c
# include <stdio.h>
   main ( )
   { int x=0, y=1;
     printf ( "x=%d, y=%d\n" ,x,y);
     printf ( "x++=%d\n" , x++);
     printf ( "y++=%d\n" , y--);
     printf ( "x=%d, y=%d\n" ,x,y);
   }
```

第4章 顺序结构程序设计

从程序流程的角度来看，程序可以分为三种基本结构，即顺序结构、选择结构、循环结构。通常的计算机程序总是由若干个语句组成，从执行方式上看，从第一个语句到最后一个语句完全按顺序执行，是简单的顺序结构；若在程序执行过程当中，根据用户的输入或中间结果去执行若干不同的任务则为选择结构；如果在程序的某处，需要根据某项条件重复地执行某项任务若干次或直到满足或不满足某条件为止，这就构成循环结构。大多数情况下，程序都不会是简单的顺序结构，而是顺序、选择、循环三种结构的复杂组合。C程序提供了多种语句来实现这些程序结构。本章将介绍这些基本语句及其在顺序结构中的应用，使读者对C程序有一个初步的认识，为后面各章的学习打下基础。

4.1 C语句概述

语句（statement）是构造程序的基本成分，程序（program）是一系列带有某种必需的标点的语句集合。一个语句是一条完整的计算机指令。在C程序中，语句用结束处的一个分号";"标识。

C语言程序的结构，如图4.1所示，可以总结如下：

（1）一个C程序可以由若干个源程序文件组成；

（2）一个源程序文件可以由若干个函数、预处理命令以及全局变量声明组成；

（3）一个函数由函数首部和函数体组成；

（4）函数体由数据声明和执行语句组成。

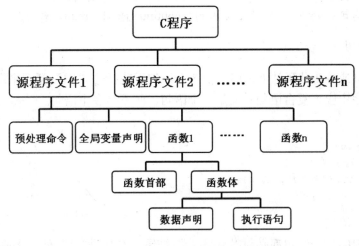

图 4.1　C 程序的结构

C语言程序的执行部分是由语句组成的，程序的功能也是由执行语句实现的。C 语句可分为以下五类：表达式语句、函数调用语句、控制语句、复合语句、空语句。

1．表达式语句

表达式语句由表达式加上分号";"组成。其一般形式为：

表达式；

执行表达式语句就是计算表达式的值。例如：

```
z=x+y;      /*赋值语句*/
x+y;        /*加法运算语句，但计算结果不能保留，无实际意义*/
i++;        /*自增1语句，i 值增1*/
```

2．函数调用语句

函数调用语句：由函数名、实际参数加上分号";"组成。其一般形式为：

函数名(实际参数表)；

执行函数语句就是调用函数并把实际参数的值传递给函数定义中的形式参数，然后执行被调函数的函数体中的语句，返回函数值（在后面函数一章再详细介绍）。

例如：

```
printf("This is a C Program\n");         /*调用库函数中的格式输出函数 printf()，
返回输出结果*/
```

3．控制语句

控制语句：控制语句用于控制程序的流程，以实现程序的各种结构方式。它们由特定的语句定义符组成。C 程序提供九种控制语句，可分成以下三类。

（1）条件控制语句：if 语句、switch 语句；

（2）循环执行语句：do…while 语句、while 语句、for 语句；

（3）转向语句：goto 语句、break 语句、continue 语句、return 语句。

4．复合语句

复合语句（或称为代码块 block）：把多个语句用花括号"{ }"括起来组成的语句称复合语句。在程序中应把复合语句看成是一个语句，而不是多个语句。

例如：

```
{ z=x+y;
  c=a+b;
  printf("%d%d", z, c);
}
```

是一个复合语句。

复合语句内的各个语句都必须以分号";"结尾，在括号"}"外不能加分号。

5．空语句

空语句：只有分号"；"组成的语句称为空语句。空语句是什么也不执行的语句。在程序中空语句可用来作空循环体。

例如：

```
while((c=getchar( ))!='\n');        /*当从键盘输入的字符是回车，则输入结束*/
```

这里的循环体为空语句。

4.2　赋值语句

赋值语句是由赋值表达式加上一个分号构成的表达式语句。其一般形式为：

变量=表达式;

例如：

```
i=3         //赋值表达式
i=3;        //赋值语句
```

赋值语句的功能和特点都与赋值表达式相同。它是程序中使用最多的语句之一。在赋值语句的使用中需要注意以下几点：

1．注意赋值表达式和赋值语句的区别。赋值表达式是一种表达式，它可以出现在任何允许表达式出现的地方，而赋值语句则不能。

例如：

```
if((y=x+3)>0)  z=y;         /*合法*/
```

该语句的功能是，若表达式 y=x+3 大于 0 则 z=y。

```
if((y=x+3;)>0) z=y;         /*非法*/
```

因为 y=x+3;是语句，不能出现在表达式中。

2．注意在变量说明中给变量赋初值和赋值语句的区别。给变量赋初值是变量说明的一部分，赋初值后的变量与其后的其他同类变量之间仍必须用逗号间隔，而赋值语句则必须用分号结尾。

例如：

在变量说明中，不允许连续给多个变量赋初值。

```
int a=b=c=3;                /*错误*/
int a=3,b=3,c=3;            /*正确*/
```

而赋值语句允许连续赋值。

3．赋值运算符"="右边的表达式也可以是一个赋值表达式。因此，

变量=(变量=表达式);

是成立的。其展开之后的一般形式为：

变量=变量=…=表达式;

例如:

```
a=b=c=d=e=3;
```

按照赋值运算符的右接合性,等效于:

```
e=3; d=e; c=d; b=c; a=b;
```

4.3 数据输入输出的概念及实现

所谓输入输出是以计算机主机为主体而言的。从计算机向外部输出设备(如显示器、打印机、磁盘等)输出数据称为"输出",从输入设备(如键盘、磁盘、光盘、扫描仪等)向计算机输入数据称为"输入"。

在程序的运行过程中,往往需要由用户输入一些数据,而程序运算所得到的计算结果又需要输出给用户,由此实现人与计算机之间的交互,所以在程序设计中,输入/输出语句是一类必不可少的重要语句。在 C 程序中,没有专门的输入/输出语句,所有的输入/输出操作都是通过调用标准 I/O 库函数来实现的。

本章主要介绍 C 程序设计语言中常用的输入/输出函数,字符型数据的输入/输出函数 putchar( )函数、getchar( )函数和 gets( )函数、puts( )函数以及格式输入输出函数 printf( )函数和 scanf( )函数。

4.4 字符数据的输入与输出

字符数据的输入输出函数:putchar( )函数、getchar( )函数、gets( )函数、puts( )函数。

1.putchar( )函数

putchar( )函数的作用是向终端输出一个字符。
(1)一般格式:

```
putchar (参数);
```

(2)说明:
参数可以是字符型变量或整型变量,也可以是一个整数、控制字符或其他转义字符。
例如:

```
 char c='A';putchar(c);          /*输出字符'A'*/
int a=97;putchar(a);            /*输出字符'a'*/
putchar(97);                    /*输出字符'a'*/
putchar('\n');                  /*输出一个换行符,使输出的当前位置移到下一行*/
putchar('\'');                  /*输出单撇号字符'*/
```

例 4.1 输出单个字符。源程序编写如下：

```c
#include <stdio.h>
main( )
{
  char c1,c2,c3;
  int c4;
  c1='G';
  c2='O';
  c3='\117';
  c4=68;
  putchar(c1);
  putchar(c2);
  putchar(c3);
  putchar(c4);
  putchar('\n');
  putchar('\!');
}
```

运行结果：

```
GOOD
!
```

2．getchar( )函数

getchar( )函数的作用是从终端（或系统隐含指定的输入设备）输入一个字符。

(1) 一般格式：

```
变量=getchar( );
```

(2) 说明：

① 变量可以是字符型变量或整型变量，如果是字符型变量，存入的就是字符本身，如果是整型变量，存入的则是该字符的 ASCII 码值。

② getchar( )函数没有参数。

③ getchar( )函数的函数值就是从输入设备得到的字符。如果 getchar( )函数读入的字符不赋给任何变量，则该函数只能作为表达式的一部分使用，而不能单独作为函数调用语句使用，否则无意义。

例如，可以这样使用：

```
        putchar(getchar( ));
    或  printf("%c",getchar( ));
```

就是读入一个字符，然后将它输出到终端。

④ 在执行 getchar( )函数时，虽然是读入一个字符，但并不是从键盘输入一个字符，该字符就被读入送给一个字符变量，而是等到按回车键后，才将该字符输入缓冲区，然后getchar( )函数从缓冲区中取一个字符给一个字符变量。

⑤ 如果 getchar( )函数读入的字符是"^z"(<ctrl>和 z 同时按下),则输入的既不是字符,也不是 ASCII 码值,而是一个标志值 − 1。"^z"被称为文件结束符,在程序中经常用符号常量 EOF(Ending Of File,值是-1)来表示它。

例如,经常使用这样的形式处理文字数据:

```
          if((c=getchar( ))!= '^z')
或        while((c=getchar( ))!= '^z'){······}
```

例 4.2 将输入的小写字母以其大写形式输出。源程序编写如下:

```
#include <stdio.h>
main( )
{
  char c1,c2,c3,c4;
  c1=getchar( );
  c2=getchar( );
  c3=getchar( );
  c4=getchar( );
  if(c1>='a'&& c1<='z') c1=c1-32;
  if(c2>='a'&& c2<='z') c2=c2-32;
  if(c3>='a'&& c3<='z') c3=c3-32;
  if(c4>='a'&& c4<='z') c4=c4-32;
  putchar(c1);
  putchar(c2);
  putchar(c3);
  putchar(c4);
  putchar('\n');
}
```

运行情况:

$$\frac{\text{good}✓}{\text{GOOD}}$$ (带下划线部分为输入的数据,"✓"表示"回车"键)

3. puts( )函数和 gets( )函数

puts( )函数是将字符数组(或字符串)输出到标准输出设备上,gets( )函数是从标准输入设备上读入字符数组(或字符串)。

(1) 格式:

```
          puts(s);
```

s 是一个字符数组的数组名或是一个指向字符类型数据的指针变量。puts(s)出错时,返回 EOF。puts( )函数执行完后,自动换行。puts( )函数的作用与 printf("%s\n", s);相同。

说明:

① puts( )函数只能输出字符串,不能输出数值或进行格式变换。

② 可以将字符串直接写入 puts( )函数中。如:

```
      puts("Hello, Turbo C2.0");
```

（2）格式：

```
gets(s);
```

s 是一个字符数组的数组名或是一个指向字符类型数据的指针变量。从键盘上接收一个字符串，将其存入 s 中，并自动以'\0'作为结束。gets(s)函数与 scanf("%s", &s);相似，但不完全相同，使用 scanf("%s", &s);函数输入字符串时存在一个问题，就是如果输入了空格会认为输入字符串结束，空格后的字符将作为下一个输入项处理，但 gets() 函数将接收输入的整个字符串直到回车为止。

说明：

gets(s)函数中的变量 s 是字符串或指向字符串的指针，如果是单个字符，编译连接不会有错误，但运行后会出现"Null pointer asignmemt"的错误。

例 4.3

```
#include <stdio.h>
main( )
{
  char *s="I am a student!";
  puts(s);
}
```

运行结果：

```
I am a student!
```

例 4.4

```
#include  <stdio.h>
main( )
{
  char n[20];
  gets(n);
  puts(n);
}
```

运行情况：

```
I am a student! ✓
I am a student!
```

n 是一个字符数组，gets(n)出错时，即输入的字符个数超出 20 个时，返回 NULL，退出 Turbo C 程序。

注意：如果在一个函数中（main 函数）要调用 getchar( )函数、putchar( )函数、gets( )函数和 puts( )函数时，应该在该函数前面（或本文件开头）加上"包含命令"。如下：

```
#include  <stdio.h>
```

或

```
#include "stdio.h"
```

4.5 格式输入与输出

格式输入输出函数：printf( )函数和 scanf( )函数。

1．printf( )函数

printf( )函数，作用是向终端（或系统隐含指定的输出设备）输出若干个任意类型的数据。

(1) 一般格式：

```
printf ("格式控制字符串",输出表列);
```

"格式控制字符串"用于控制输出转换和格式化的方式，"输出表列"给出将要输出的数据项。

例如：printf("%d,%f",a,b);

(2) 说明：

①"格式控制字符串"可以包括"格式转换说明符"，用来规定相应输出项内容的输出格式；"转移字符"，用来输出转义字符所代表的控制代码或特殊字符；"普通字符"，要求原样输出的字符。

②"输出表列"，是需要输出的一些数据，可以是变量和表达式，输出项之间用逗号分隔。

例如：printf("a = %d,b = %d,a+b = %d \n",a,b,a+b);

普通字符————

格式转换说明符————

转义字符 输出表列

这个函数语句的含义是要输出：a = 第一个输出项 a 的值(按%d 的格式输出)，b = 第二个输出项 b 的值(按%d 的格式输出)，a+b = 第三个输出项 a+b 的值(按%d 的格式输出)，'\n'表示回车换行。

如果 a 的值是 10，b 的值是 25，则输出为：

```
a = 10,b = 25,a+b = 35
```

printf( )函数强大的输出功能主要是通过灵活使用"格式控制字符串"体现的，因此，正确用好这个函数的关键是要用好"格式控制字符串"。下面重点介绍"格式控制字符串"中的"格式转换说明符"用法。

(3) 格式转换说明符

"格式转换说明符"由格式字符和附加格式说明符组成，其组成格式如下：

```
% - 0 m.n l或h 格式字符
```

格式字符用于指定输出项的数据类型和输出格式。表 4.1 和表 4.2 列出了 printf( )函数的附加格式说明符的和格式字符的含义。表 4.3 给出了简单用法的示例。

表 4.1　printf( )函数的附加格式说明符

附加格式符	说　　明
字母 l（或 h）	用于长（或短）整型数据，可加在格式符 d、o、x、u 前面
m（为一正整数）	指定输出数据所占宽度（含小数点所占位置）
.n（n 为一正整数）	对实数，表示输出 n 位小数；对字符串，表示截取的字符个数
—	输出的数字或字符在域内向左靠
0	指定空位填 0

表 4.2　printf( )函数的格式字符

格式字符	说　　明
%d（或 i）	以带符号的十进制形式输出整数（按实际长度输出，整数不输出符号）
%o	以无符号的八进制形式输出整数（不输出前导符 0）
%x（或 X）	以无符号的十六进制形式输出整数（不输出前导符 0x）
%u	以无符号的十进制形式输出整数
%c	以符号形式输出，只输出一个字符
%s	输出字符串
%f	以小数形式输出单、双精度数，隐含输出 6 位小数
%e（或 E）	以标准指数形式输出单、双精度数，数字部分小数位数为 6 位
%g（或 G）	选用%f 或%e 格式输出宽度较短的一种格式，不输出无意义的 0
%%	输出百分号本身

表 4.3　printf( )函数的格式字符举例

格式字符	举　　例	输出结果
%d（或 i）	int a=345;printf("%d",a);	345
%o	int a=345;printf("%o",a);	531
%x（或 X）	int a=345;printf("%x",a);	159
%u	int a=60;printf("%u",a);	60
%c	char a=65;printf("%c",a);	A
%s	static char a[]="CHINA";printf("%s",a);	CHINA
%f	float a=345.678;printf("%f",a);	345.678000
%e（或 E）	float a=345.678;printf("%e",a);	3.456780e+002
%g（或 G）	float a=345.678;printf("%g",a);	345.678
%%	printf("%%");	%

下面具体说明 printf( )函数的各种格式字符和附加格式说明符的用法。

① %d

用于指定输出十进制整数。对应输出的项的内容可以是整数，也可以是字符。当输出项内容是字符时，输出的将是该字符的 ASCII 码值。常用的形式为%d、%md 和%ld（或%mld）。

例如，已知：int a=101; long b=202; char c='a'; ，用法见表 4.4。

表 4.4 格式字符%d 用法举例

格式字符	举　例	输出结果					
%d	printf("%d\n",a);	1	0	1			
%4d	printf("%4d\n",a);		1	0	1		
%2d	printf("%2d\n",a)	1	0	1			
%ld	printf("%ld\n",b);	2	0	2			
%6ld	printf("%6ld\n",b);				2	0	2
%d	printf("%d\n",c);	9	7				

② %o

用于指定以八进制形式输出整数，且输出的整数不带符号。即输出的是一个无符号整数，不会是负数。常用的形式为%o、%mo 和%lo（或%mlo）。

例如，已知：int a=-1;long b=11111;，用法见表 4.5。

表 4.5 格式字符%o 用法举例

格式字符	举　例	输出结果					
%d	printf("%d\n",a);	-	1				
%o	printf("%o\n",a);	1	7	7	7	7	7
%4o	printf("%4o\n",a);	1	7	7	7	7	7
%ld	printf("%ld\n",b);	1	1	1	1	1	
%lo	printf("%lo\n",b);	2	5	5	4	7	
%6lo	printf("%6lo\n",b);		2	5	5	4	7

-1 在内存单元中的存放形式（以补码形式存放）如下：

1	1111111111111111

③ %x

用于指定以十六进制形式输出整数，且输出的整数不带符号。常用的形式为%x、%mx 和%lx（或%mlx）。

例如，已知：int a=-1；long b=11111;，用法见表 4.6。

表 4.6　格式字符%x 用法举例

格式字符	举　例	输出结果					
%d	printf ("%d\n", a);	−	1				
%x	printf (x\n", a);	f	f	f	f		
%6x	printf (6x\n", a);			f	f	f	f
%ld	printf (ld\n", b);	1	1	1	1	1	
%lx	printf (lx\n", b);	2	b	6	7		
%6lx	printf ("%6lx\n", b);			2	b	6	7

④　%u

用于指定以十进制形式输出整数，且输出的整数不带符号，即输出 unsigned 型数据。unsigned 型数据也可以以%d、%o、%u 形式输出。常用的形式为%u 和%mu。

例如，已知：unsigned int a=65535；int b=-2;，用法见表 4.7。

表 4.7　格式字符%u 用法举例

格式字符	举　例	输出结果					
%d	printf ("%d\n", a);	−	1				
%u	printf (u\n", a);	6	5	5	3	5	
%6u	printf (6u\n", a);		6	5	5	3	5
%d	printf (d\n", b);	−	2				
%u	printf (u\n", b);	6	5	5	3	4	
%6u	printf (6u\n", b);		6	5	5	3	4

⑤　%c

用于输出一个字符。对应输出项的内容可以是字符，也可以是数值在 0～255 之间的整数（该整数作为 ASCII 码值）。当输出项内容是整数时，输出的将是该整数对应的 ASCII 码值的字符。常用的形式为%c 和%mc。

例如，已知：int a=65;char b='a';，用法见表 4.8。

表 4.8　格式字符%c 用法举例

格式字符	举　例	输出结果			
%d	printf("%d\n",a);	6	5		
%c	printf("%c\n",a);	A			
%d	printf("%d\n",b);	9	7		
%c	printf("%c\n",b);	a			
%4c	printf("%4c\n",b);				a

⑥　%s

用于输出一个字符串。常用的形式为%s、%ms、%-ms、%m.ns 和%-m.ns。m 表示输出的字符串占 m 位，若字符串长度大于 m，则按实际长度输出；若串长小于 m，则不足位置补空格。n 表示只取字符串左端 n 个字符，当 m<n 时，m 自动取 n 值，以保证 n 个字符的正确输出。用法见表 4.9。

表 4.9　格式字符%s 用法举例

格式字符	举　例	输出结果						
%s	printf("%s\n","Welcome");	W	e	l	c	o	m	e
%4s	printf("%4s\n","Welcome");	W	e	l	c	o	m	e
%8s	printf("%8s\n","Welcome");	W	e	l	c	o	m	e
%-8s	printf("%-8s\n","Welcome");	W	e	l	c	o	m	e
%5.3s	printf("%5.3s\n","Welcome");	W	e	l				
%-5.3s	printf("%-5.3s\n","Welcome");	W	e	l				
%.4s	printf("%.4s\n","Welcome");	W	e	l	c			
%2.5s	printf("%2.5s\n","Welcome");	W	e	l	c	o		

⑦ %f

用于以小数形式输出实数（单、双精度）。常用的形式为%f、%m.nf 和%-m.nf。"m.n"表示输出的数据共占 m 位（包括小数点所占的位置），小数部分为 n 位，若数值长度小于 m，则不足位置补空格。

以%f 格式输出的数据（单精度或双精度）若不指定宽度 m 和小数位数 n，则整数部分全部如数输出，小数部分输出 6 位。

值得注意的是，以%f 格式输出的数据其数字并非都是有效数字。一般来说，单精度的有效位数为 7 位，双精度实数的有效位数为 16 位。

例如，已知：

```
float f,g,a,b;double d,e,x,y;
f=111.111;
g=222.222;
a=1111.1111;
b=2222.2222;              /*a、b 的数字位数超过有效位数 7 位*/
d=1234567891.1111;
e=2222222222.2222;
x=123456789123.111111;
y=222222222222.222222;    /* x、y 的数字位数超过有效位数 16 位*/
```

用法见表 4.10。

表 4.10　格式字符%f 用法举例

格式字符	举　例	输出结果									
%f	printf("%f",f);	1	1	1	.	1	1	1	0	0	0
%f	printf("%f",f+g);	3	3	3	.	3	3	3	0	0	0

续表

格式字符	举 例	输出结果
%8.3f	printf("%8.3f",f);	111.111
%08.3f	printf("%08.3f",f);	0111.111
%-8.3f	printf("%-8.3f",f);	111.111
%.2f	printf("%.2f",f);	111.11
%2.5f	printf("%2.5f",f);	111.11100
%f	printf("%f",a);	111.111084
%f	printf("%f",b);	222.222168
%f	printf("%f",a+b);	333.333252
%8.4f	printf("%8.4f",a);	111.1111
%lf	printf("%lf",d);	1234567891.111100
%lf	printf("%lf",d+e);	3456790113.33300
%lf	printf("%lf",x);	12345678912.111114
%lf	printf("%lf",y);	22222222222.22229
%lf	printf("%lf",x+y);	345679011345.333374

可以从表 4.10 中看到，单精度数据输出只有 7 位有效数字，超出 7 位有效数字的数据不准确，避免的办法是采用%m.nf 格式输出（限制小数位数，如%8.4 一行的例子）；同样，双精度数据的输出只有 16 位有效数字，超过 16 位的数据也不准确。所以，用%f 格式输出数据时，如果数字位数超过规定的有效数字位数，则输出的最后几位数字有可能不准确的。

⑧ %e

用于以指数形式输出实数（单、双精度）。常用的形式为%e、%m.ne 和%-m.ne。"m.n" 表示输出的数据共占 m 位，数字的数据部分（又称尾数）的小数位数为 n 位。

若不指定宽度 m 和小数位数 n，则规定给出 6 位小数，指数部分占 5 位（如 e+002），其中，指数占 3 位（注：不同系统的规定略有不同）。数值按标准化指数形式输出（即小数点前必须有且只有一位非零数字）。

例如，已知：float a=123.456;，用法见表 4.11。

表 4.11 格式字符%e 用法举例

格式字符	举 例	输出结果
%e	printf("%e\n",a);	1.234560e+002
%10e	printf("%10e\n",a);	1.234560e+002
%10.2e	printf("%10.2e\n",a);	1.23e+002
%.2e	printf("%.2e\n",a);	1.23e+002
%-10.2e	printf("%-10.2e \n",a);	1.23e+002

⑨ %g

%g 格式用得较少，是用于输出实数的。输出时，根据数值的大小，自动选择 f 格式或 e 格式（选择输出时占宽度较小的一种），且不输出无意义的零。

例如，已知：float a=123.456;double b=1111000000;，用法见表4.12。

表 4.12 格式字符%g 用法举例

格式字符	举　　例	输出结果												
%f	printf("%f\n",a);	1	2	3	.	4	5	6	0	0	0			
%e	printf("%e\n",a);	1	.	2	3	4	5	6	0	e	+	0	0	2
%g	printf("%g\n",a);	1	2	3	.	4	5	6						
%f	printf("%f\n",b);	1	1	1	1	0	0	0	0	0	0	.	0	0	0
%e	printf("%e\n",b);	1	.	1	1	1	0	0	0	e	+	0	0	9
%g	printf("%g\n",b);	1	.	1	1	1	e	+	0	0	9			

(4) 在使用 printf()函数时，还有几点需要说明：

① 除了 X、E、G 外，其他格式字符必须用小写字母，如%d 不能写成%D。

② 可以在"格式控制字符串"内使用"转义字符"，如'\n'、'\t'、'\b'、'\r'、'\f'、'\377'等。

例 4.5 "格式控制字符串"中转义字符和普通字符的使用。

```
#include <stdio.h>
main( )
{
    int a=3;
    printf("%%d:a=%d\n\101",a);
}
```

运行结果：

```
%d:a=3
A
```

③ 使用 printf( )函数时还要注意一个问题，那就是输出表列中的求值顺序。不同的编译系统不一定相同，可以从左到右，也可从右到左。Turbo C 是按从右到左进行的。

例 4.6

```
#include <stdio.h>
main( )
{
  int i=8;
  printf("%d,%d,%d,%d,%d\n",++i,--i,i--,i++,-i--);
}
```

运行结果：

```
7,6,8,7,-8
```

例 4.7

```c
#include <stdio.h>
main( )
{
int i=8;
printf("%d,",++i);
printf("%d,",--i);
printf("%d,",i--);
printf("%d,",i++);
printf("%d\n",-i--);
}
```

运行结果：

```
9,8,8,7,-8
```

例 4.6 和例 4.7 相比只是把例 4.7 中的多个 printf( )函数改成一个 printf( )函数输出，但从结果可以看出是不同的。因为 printf( )函数对输出表中各量求值的顺序是自右至左进行的。在例 4.6 中，printf( )函数先对最后一项"-i--"求值，结果为-8,然后 i 自减 1 后为 7。再对"i++"项求值得 7，然后 i 自增 1 后为 8。再对"i--"项求值得 8，然后 i 再自减 1 后为 7。再求"--i"项，i 先自减 1 后输出，输出值为 6。 最后才求输出表列中的第一项"++i"，此时 i 自增 1 后输出 7。但是必须注意，求值顺序虽是自右至左，但是输出顺序还是从左至右，因此，例 4.6 得到的结果是上述输出结果。

2．scanf( )函数

scanf( )函数，作用是用来输入任意类型的数据。
（1）一般格式：

```
scanf（"格式控制字符串"，地址表列）；
```

例如： scanf("%d,%f",&a,&b);
（2）说明：

① "格式控制字符串"与 printf( )函数中的"格式控制字符串"含义类似，所不同的是这里是对输入格式进行控制。其内容可以是"格式控制说明符（简称格式符或格式说明符）"，或是要求在输入时附加输入的"普通字符"，而"转义字符"则较少使用。

② "地址表列"，是由若干个等待输入的内存单元地址组成，地址项之间用逗号分隔。该地址可以是变量地址或字符串的首地址，也可以是数组地址或结构变量地址等。它的作用是存放输入的数据。也就是说，scanf( )函数中用于接收输入的输入项必须是一个地址量。在 C 语言里地址量的表示是在变量前加前缀符号"&"。如"&a"表示变量 a 的地址。

例如： scanf("a = %d,b = %c",&a,&b);

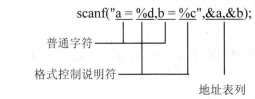

普通字符

格式控制说明符

地址表列

scanf( )函数中"格式控制说明符"的个数必须与"地址表列"中的地址项个完全相同，且一一对应。在上例中，"格式控制字符串"里的%d 规定了对应地址项&a 接收的数据是十进制整数；%c 规定了对应地址项&b 接收的数据是单个字符；其他字符则是"普通字符"，输入时应该按照相应位置原样输入。该函数执行时，应该按一下方式输入值：

a=20,b=R✔

则 a 的值是十进制整数 20，b 的值是字符'R'。

（3）格式控制说明符

scanf( )函数的"格式控制说明符"基本格式如下：

% * m l或h 格式字符

表 4.13 和表 4.14 列出了 scanf( )函数的"附加格式说明符"的含义和"格式字符"的含义。

表 4.13 scanf( )函数的"附加格式说明符"

附加格式符	说　明
字母 l	用于输入长整型数据(可用%ld,%lo,%lx)，以及双精度实型数据(可用%lf 或%le)。
字母 h	用于输入短整型数据(可用%hd,%ho,%hx)。
m（为一正整数）	指定输入数据所占宽度(列数)。
*	表示对应输入项在读入后不献给相应的变量。

表 4.14 scanf( )函数的"格式字符"

格式字符	说　明
%d（或 i）	用来输入十进制整数
%o	用来输入八进制整数
%x（或 X）	用来输入十六进制整数
%c	用来输入单个字符
%s	用来输入字符串，将字符串送到一个字符数组中。输入时以非空白字符开始，以第一个空白字符结束。字符串的结束标志是'\0'。
%f	用来输入实数，以小数形式输入。
%e（或 E）	用来输入实数，以指数形式输入。

另外，使用 scanf( )函数应当注意的几个问题

① 对 unsigned 型变量所需的数据，可以用%u、%d、%o 和%x 格式输入。

② 输入数据时不能规定精度，例如，

scanf("%5.3f",&a);

是不合法的，不能企图用这样的方式让 scanf( )函数输入数据流 12345，使 a 的值为 12.345。

（4）输入流数据的分隔

scanf( )函数是从输入数据流中接收非空字符，再转换成"格式控制字符串"描述的格式，传送到与"格式控制字符串"相对应的地址中去。当从终端输入数据流的时候，scanf( )函数有一些分隔数据流的方法。

① 根据"格式字符"的含义从输入流中取得数据，当输入流中数据类型与"格式字符"要求不符合时，就认为这一数据项结束。

例 4.8

```
#include <stdio.h>
main( )
{
  int a; char b; float c;
  printf("input a b c:");
  scanf("%d%c%f",&a,&b,&c);
  printf("a=%d,b=%c,c=%f\n",a,b,c);
}
```

运行情况：

```
input a b c:1234r5678.9123✓          (带下划线的部分为输入数据流)
a=1234,b=r,c=5678.912109
```

scanf( )函数首先按%d 的格式接收输入流，到了 r 时发现类型不符。于是，把"1234"转换成整型数据送往地址&a 所指的两字节存储空间中，接着接收字符 r 送入地址&b 所指的单字节存储空间。最后把 56789.9123 送入地址&c 所指的四字节存储空间（单精度类型的数据有 7 位效数字，有时实数在内存中的存储会产生一定限度的误差。）。

②根据"格式控制字符串"中指定的域宽（即 m 的值）分隔数据流。

例 4.9

```
#include <stdio.h>
main( )
{
int a,b,c;
printf("input a b c:");
scanf("%2d%3d%3d",&a,&b,&c);
printf("a=%d,b=%d,c=%d\n",a,b,c);
}
```

运行情况：

```
input a b c:123456789✓
a=12,b=345,c=678
```

scanf( )函数首先按%2d 的格式接收输入流中的两个数字字符，于是将 12 读入送给变量 a，再按%3d 读入三个数字字符，即将 345 读入送给变量 b，最后按%3d 再读入三个数字字符，将 678 读入送给变量 c，剩余部分不读入。

③ 使用分隔符。分隔符可以是空格、回车键或 Tab 键，还可以是自己指定的字符（必

须是非格式字符），在输入数据流的时候加上相应分隔符。

例 4.9 的输入流如果这样输入，运行情况如下：

```
input a b c:12 3 456789↙            （空格作为分隔符）
a=12,b=3,c=456

input a b c:123↙
456789↙                              （回车作为分隔符）
a=12,b=3,c=456

input a b c:12      34      56↙      （Tab 键作为分隔符）
a=12,b=34,c=56
```

也可以是自己指定的字符。如例题 4.10，使用"，"作为分隔符。

例 4.10

```c
#include <stdio.h>
main( )
{
  int a;
  float b,c;
  printf("input a b c:");
  scanf("%d,%f,%f",&a,&b,&c);
  printf("a=%d,b=%f,c=%f\n",a,b,c);
}
```

运行情况：

```
input a b c:12345,678,9.2↙           （逗号作为分隔符）
a=12345,b=678.000000,c=9.200000
```

如果 scanf( )函数改成 scanf("a=%d:b=%f:c=%f",&a,&b,&c);那么，
运行情况：

```
input a b c:a=12345:b=678:c=9.2↙     （冒号作为分隔符）
a=12345,b=678.000000,c=9.200000
```

例 4.11 计算圆柱体的侧面积。

已知圆柱体侧面积的计算公式为：

$$s=2\pi rh$$

其中 r 为底半径，h 为柱高。源程序编写如下：

```c
#include <stdio.h>
main()
{
  float r,h,s;
  printf("input r,h:");
  scanf("%f,%f",&r,&h);
  s=2*3.1416*r*h;
  printf("r=%f,h=%f,s=%f\n",r,h,s);
```

```
}
```

程序运行情况：

```
input  r,h:3,2.5✓
r=3.000000,h=2.500000,s=47.124001
```

④ 抑制字符"*"。"*"的作用是按格式控制说明符读入数据后，不送给任何变量。如果在%后加上"*"附加说明符，表示跳过它指定的域宽（或列数）。

例 4.12

```
#include <stdio.h>
main( )
{
  int a,b;
  printf("input a b:");
  scanf("%2d%*3d%4d",&a,&b);
  /*输入三个整数，第二个数按%3d读入后滤掉不存入对应变量中*/
  printf("a=%d,b=%d \n",a,b);
}
```

运行情况：

```
input a b:123456789✓
a=12,b=6789
```

scanf( )函数将 12 读入送给变量 a，%*3d 表示读入 3 位整数但不送给任何变量，然后再读入 4 位整数送给变量 b。在利用已有的一批数据时，如果有一两个数据不需要，可以利用这种方法"跳过"这些无用的数据。

⑤ 在用%c 格式输入字符数据时，空格字符和转义字符都作为有效字符输入。

例 4.13

```
#include <stdio.h>
main( )
{
  char c1,c2,c3;
  printf("input c1 c2 c3:");
  scanf("%c%c%c",&c1,&c2,&c3);
  /*输入三个字符，可连续输入，不必用分隔符*/
  printf("c1=%c c2=%c c3=%c\n",c1,c2,c3);
}
```

运行情况：

```
input c1 c2 c3:abc✓
c1=a c2=b c3=c
input c1 c2 c3:a b c✓
c1=a c2=  c3=b
```

（5）scanf( )函数的结束与返回值。

① scanf( )函数在执行中遇到下面两种情况后结束：

a."格式控制字符串"中的"格式控制说明符"用完时结束----正常结束；

b.发生与输入数据不匹配时结束——正常结束。如从键盘输入的数据数目不足。

② scanf( )函数的返回值。scanf( )是一个函数，它也有返回值，返回值就是成功匹配的项目数。

例 4.14

```
#include <stdio.h>
main( )
{
    int a,b,c;
    printf("%d\n", scanf("%3d-%2d-%4d",&a,&b,&c));
    printf("a=%d,b=%d,c=%d\n",a,b,c);
}
```

运行情况：

```
123-45-6789✓
3
a=123,b=45,c=6789
```

正确的输入了三个整数，scanf( )函数正常结束，scanf( )函数的返回值是 3。

```
12-345-6789✓
2
a=12,b=34,c=3117
```

scanf( )函数在按%3d 读入数据时，第三个数据不是数字，所以提前结束输入，。只将12 送给变量 a，再按%2d 读入数据，将 34 送给 b，本应出现"-"，却是 5，不合法， scanf( )函数非正常结束。scanf( )函数的返回值为 2。输出 c 的值是随机的。

C 语言的输入/输出的规定比较繁琐，用得不对就得不到预期的结果，而输入/输出又是最基本的操作，几乎每一个程序都包含输入/输出，不少编程人员由于掌握不好这方面的知识而浪费了大量的调试程序的时间。因此，我们做了比较仔细的介绍，以便在编程时有所遵循。但是，在学习本书时不必花许多精力去死抠每一个细节，重点掌握最常用的一些规则即可。其他部分可在需要的时候随时查阅。这部分的内容建议自学和上机，教师不必在课堂上一一细讲。应当通过编写和调试程序来逐步深入而自然地掌握输入输出的应用。

4.6 顺序结构程序设计举例

例 4.15 从键盘输入五个学生成绩，计算并输出五个学生的总成绩和平均成绩。

分析程序，五个学生的成绩分别存入变量 s1,s2,s3,s4,s5 中，变量 sum 和 aver 分别总成绩和平均成绩。算法流程如图 4.2 所示。

图 4.2

源程序编写如下：

```c
#include <stdio.h>
main()
{
  float s1,s2,s3,s4,s5,sum,aver;
    printf("input 5 scores:\n");
    scanf("%f,%f,%f,%f,%f",&s1,&s2,&s3,&s4,&s5);
    sum=s1+s2+s3+s4+s5;
    aver=sum/5;
    printf("sum=%6.2f,aver=%6.2f\n",sum,aver);
}
```

运行情况：

```
input 5 scores:
81,85,78,95,90↙
sum=429.00,aver= 85.80
```

例 4.16 输入一个字符，输出它的前继和后续字符。源程序编写如下：

```c
#include <stdio.h>
main()
{
  char c,c1,c2;
  printf("input a char:");
  c=getchar();      /* 输入一个字符 */
  c1=c-1;           /* 该字符的前继字符存在 c1 中 */
  c2=c+1;           /* 该字符的后续字符存在 c2 中 */
  printf("%c-%c-%c\n",c1,c,c2);
                    /* 输出该字符，以及其前继和后续字符 */
  printf("%d-%d-%d\n",c1,c,c2);
                    /* 输出三个字符的 ASCII 码值 */
}
```

运行情况：

```
input a char:e↵
d-e-f
100-101-102
```

【本章小结】

语句是对计算机的命令。在 C 程序中，语句用结束处的一个分号";"标识。本章介绍了五类 C 语句表达式语句、函数调用语句、控制语句、复合语句、空语句。

数据输入输出中，本章主要介绍了 C 程序常用的输入输出函数，字符数据的输入输出函数 putchar( ) 函数、getchar( ) 函数、gets( ) 函数、puts( ) 函数和格式输入/输出函数 printf( ) 函数和 scanf( ) 函数。

最后列举了典型题目来讲解这些基本语句在顺序程序设计中的应用。

【练习与实训】

编写一个程序，要求输入三角形三边的长度 a、b、c，输出三角形的面积 triangle_area；输入矩形的长 height 和宽 width，输出矩形的面积 rectangle_area；输入圆的半径 radius，输出圆的面积 circle_are。

运行情况如图 4.3 所示。

```
请输入三角形的三边的长度：
3,4,5
三角形三边的长度分别是：a=3.00,b=4.00,c=5.00
三角形的面积=6.00

请输入矩形的长和宽：
3,4
矩形的长和宽是：height=3.00,width=4.00
矩形的面积=12.00

请输入圆的半径：
5
圆的半径是：radius=5.00
圆的面积=78.54
Press any key to continue
```

图 4.3　练习与实训图

提示：
已知三角形三边的长度，可以利用以下公式计算出三角形的面积，

$$triangle\_area = \sqrt{s(s-a)(s-b)(s-c)}$$　　　其中 $s = \dfrac{a+b+c}{2}$。

源程序编写如下：

```
#include <stdio.h>
#include <math.h>
#define PI 3.1415926
```

```
void main( )
{
 float a,b,c,s,height,width,radius;
 float triangle_area,rectangle_area,circle_are;
 printf("请输入三角形的三边的长度：\n");
 scanf("%f,%f,%f",&a,&b,&c);
 s=1.0/2*(a+b+c);
 triangle_area=sqrt(s*(s-a)*(s-b)*(s-c));
 printf("三角形三边的长度分别是：a=%.2f,b=%.2f,c=%.2f\n",a,b,c);
 printf("三角形的面积=%.2f\n", triangle_area);
 printf("\n");
 printf("请输入矩形的长和宽：\n");
 scanf("%f,%f",&height,&width);
 rectangle_area=height*width;
 printf("矩形的长和宽是：height=%.2f,width=%.2f\n",height,width);
 printf("矩形的面积=%.2f\n",rectangle_area);
 printf("\n");
 printf("请输入圆的半径：\n");
 scanf("%f",&radius);
 circle_are=PI*radius*radius;
 printf("圆的半径是：radius=%.2f\n",radius);
 printf("圆的面积=%.2f\n",circle_are);
}
```

第 5 章　选择结构程序设计

通过前面的学习，在对 C 语言程序有了一定程度的掌握后，或许想要处理一些更复杂的任务。那么，在本章中，将介绍关系运算符、逻辑运算符和条件运算符，还将介绍 if 语句和 switch 语句在选择结构程序设计中的使用。

5.1　关系运算符和关系表达式

1．关系运算符

在程序中经常需要比较两个量的大小关系，以决定程序下一步的工作。比较两个量的运算符称为关系运算符。

在 C 程序中有六种关系运算符：

<	小于
<=	小于或等于
>	大于
>=	大于或等于
==	等于
!=	不等于

关系运算符都是双目运算符，其结合性均为左结合。关系运算符的优先级低于算术运算符，高于赋值运算符。 在六个关系运算符中，<,<=,>,>=的优先级相同，高于==和!=，==和!=的优先级相同。

2．关系表达式

用关系运算符将两个表达式（可以是算术表达式、关系表达式、逻辑表达式、赋值表达式、字符表达式）连接起来的表达式，称为关系表达式。关系表达式的一般形式为：

表达式 关系运算符　表达式

例如：

```
a>b
a+b>c-d
(a=3)>(b=5)
'a'<'b'
(a>b)>(b<c)
'a'+1<c
```

都是合法的关系表达式。

关系表达式的值是一个逻辑值,即"真"或"假"。在 C 程序中没有专用的逻辑值,用数值 1 代表真,数值 0 代表假。

例如:

3>1 的值为"真",即该关系表达式的值为 1。

(a=3)>(b=5) 由于 3>5 不成立,故其值为假,即该关系表达式的值为 0。

例 5.1

```
#include <stdio.h>
main()
{
  int x=40,y=4,z=4;
  x=y==z;printf("%d\n",x);
  x=x==(y=z);printf("%d\n",x);
}
```

运行结果:

```
1
0
```

在本例中指出了赋值运算符"="和关系运算符"=="的区分,应当注意的是关系表达式的值,在 C 程序中用数值 1 或 0 表示。

5.2 逻辑运算符和逻辑表达式

1. 逻辑运算符

C 程序常用以下三种逻辑运算符:

&&	逻辑与
‖	逻辑或
!	逻辑非

例如:

a&&b	若 a,b 为真,则 a&&b 为真。
a‖b	若 a,b 之一为真,则 a‖b 为真。
!a	若 a 为真,则 !a 为假。

与运算符 && 和或运算符 ‖ 均为双目运算符,具有左结合性。非运算符 ! 为单目运算符,具有右结合性。逻辑运算符和其他运算符优先级的关系可表示如下:

```
！（非）
算术运算符
关系运算符
&&和 ‖
赋值运算符
```

"&&"和"‖"低于关系运算符，"！"高于算术运算符。

按照运算符的优先顺序可以得出：

```
a>b && c>d      等价于    (a>b)&&(c>d)
!b==c||d<a      等价于    ((!b)==c)||(d<a)
a+b>c&&x+y<b    等价于    ((a+b)>c)&&((x+y)<b)
```

2. 逻辑表达式

用逻辑运算符将关系表达式或逻辑量连接起来的表达式就是逻辑表达式。逻辑表达式的一般形式为：

　　表达式　逻辑运算符　表达式

逻辑表达式的值同样是一个逻辑值，即"真"或"假"，同样分别用数值"1"和"0"代表。

例如：假设已知 a=3，b=4，那么，

```
!a 的值为 0              a&&b 的值为 1
a||b 的值为 1           !a||b 的值为 1
b&&0||2 的值为 1
```

3. 逻辑运算的值的求值规则

（1）与运算&&的两个运算量都为真时，逻辑表达式的值才为真，否则为假。

例如：

```
3>0 && 4>2
```

3>0 为真，4>2 为真，那么该逻辑表达式的值也为真。

（2）或运算‖的两个运算量中只要有一个为真，逻辑表达式的值就为真；若两个量都为假时，其结果为假。

例如：

```
3>0||3>8
```

3>0 为真，那么该逻辑表达式的值就为真。

（3）非运算!的运算量为真时，结果为假；运算量为假时，结果为真。

例如：

```
!3
```

该逻辑表达式的值为假。这里的数值 3 并不是代表"真"值的数值 1，但也被认为是"真"值，因此，在计算逻辑表达式值的时候，任何非零的数值都被认为是"真"值，只有数值 0 才是"假"值。

由于计算逻辑表达式值的时候有以上的规则，即"0&&任何值都是 0，1||任何值都是 1"。因此我们发现在逻辑表达式中并不是所有的运算符都要被执行。

（1）a&&b&&c

只有 a 为真时，才需要判断 b 的值，只有 a 和 b 都为真时，才需要判断 c 的值。

（2）a||b||c

只要 a 为真，就不必判断 b 和 c 的值，只有 a 为假，才判断 b。a 和 b 都为假才判断 c。

例如：

假设 a=1,b=2,c=3,d=4,m=1，n=1，那么计算逻辑表达式(m=a>b)&&(n=c>d)的值并输出 m 和 n 的值。

"a>b"的值为 0，因此 m=0，那么该逻辑表达式的值为 0，而"n=c>d"不需要花费时间去求解，因此不被执行。那么输出 m 的值是 0，n 的值不是 0 而仍保持原值 1。

5.3 选择结构概述

在结构化程序设计的算法中有三种基本结构，其第二种结构为选择结构。选择结构的基本特点是:程序的流程由多条分支组成，在程序的一次执行过程中，根据不同的情况，只有一条分支被选中执行，而其他分支上的语句被直接跳过。

C 程序提供了 if 语句和 switch 语句来实现选择结构的单分支、双分支、多分支的情况。

5.4 if 语句

if 语句的功能：根据给定的条件进行判断，以决定执行某条分支的程序段。C 程序的 if 语句有三种基本形式。

1．单分支

```
if(表达式)    语句;
```

功能：如果表达式的值为真，则执行其后的语句， 否则不执行该语句。其过程如图 5.1 所示。

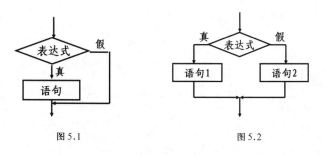

图 5.1   图 5.2

例 5.2　输入三个整数，输出最大数。源程序编写如下：

```c
#include <stdio.h>
main( )
{
    int a,b,c,max;
    printf("input three numbers:");
    scanf("%d%d%d",&a,&b,&c);
    max=a;
    if(b>max)  max=b;
    if(c>max)  max=c;
    printf("max=%d\n",max);
}
```

运行情况：

```
input three numbers:1 2 3✓
max=3
```

2. 双分支

```
if(表达式)
            语句1;
else
            语句2;
```

功能：如果表达式的值为真，则执行语句 1，否则执行语句 2。其执行过程如图 5-2 所示。
将例 5.2 用 if...else...语句改写，源程序编写如下：

```c
#include <stdio.h>
main( )
{
    int a,b,c,max;
    printf("input three numbers:");
    scanf("%d%d%d",&a,&b,&c);
    if(a>b)
        max=a;
    else
        max=b;
    if(max<c)
        max=c;
    printf("max=%d\n",max);
}
```

运行情况：

```
input three numbers:1 2 3✓
max=3
```

3．多分支

```
if(表达式1)
        语句1；
    else  if(表达式2)
        语句2；
    else  if(表达式3)
        语句3；
        ……
    else  if(表达式m)
        语句m；
    else
        语句n；
```

功能：依次判断表达式的值，当出现某个值为真时，则执行其对应的语句，然后跳到整个 if 语句之外，继续执行后续程序；如果所有的表达式均为假，则执行语句 n，然后跳到整个 if 语句之外，继续执行后续程序。执行过程如图 5.3 所示。

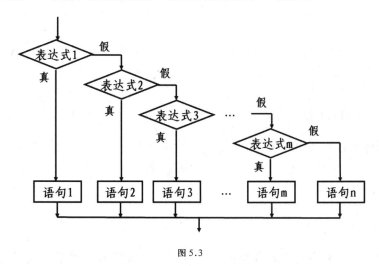

图 5.3

例 5.3   已知银行存款不同期限的月息利率为：

$$月利率=\begin{cases} 0.215\% & （一年）\\ 0.230\% & （二年）\\ 0.245\% & （三年）\\ 0.275\% & （五年）\\ 0.320\% & （八年）\end{cases}$$

要求输入本金及期限，输出到期时从银行得到多少钱？

源程序编写如下：

```
#include <stdio.h>
main()
{
```

```
float capital,time,rate,total;
    printf("Enter capital and time:\n");
    scanf("%f%f",&capital,&time);
    if(time>=8)
        rate=0.00320;
    else if(time>=5)
        rate=0.00275;
    else if(time>=3)
        rate=0.00245;
    else if(time>=2)
        rate=0.00230;
    else if(time>=1)
        rate=0.00215;
    else
        rate=0;
    total=capital+capital*rate*12*time;
    printf("total=%.4f\n",total);
}
```

运行情况：

```
Enter capital and time:
 50000 3✔
total=54410.0000
```

4. 在使用 if 语句时还应注意以下几个问题：

（1）在三种形式的 if 语句中，if 关键字之后均为表达式。 该表达式通常是逻辑表达式或关系表达式， 但也可以是其他表达式，如赋值表达式等，甚至也可以是一个变量。

例如：

```
    if(a=5) 语句；
 if(b) 语句；
```

都是允许的。只要表达式的值为非 0，就认为是"真"值，其后的语句总是要执行的，如上面例子中条件为"a=5"的情况就是如此。当然这种情况在程序的逻辑设计中不一定会出现，但在语法上是合法的。

又如，有程序段：

```
        if(a=b)
            printf("a=%d\n",a);
        else
            printf("a=0");
```

本语句的语义是，把 b 值赋予 a，如为非 0 则输出该值，否则输出字符串"a=0"。这种用法在程序中是经常出现的。

（2）在 if 语句中，条件判断表达式必须用括号括起来，在语句之后必须加分号。

（3）在 if 语句中，if 和 else 之后的执行语句可以是多条语句，但必须把这些语句用花括号"{ }"括起来组成一个复合语句，要注意的是在"}"之后不能再加分号。

例如：

```
if(a>b)
  {
    a++;
    b++;
    }
    else
{
a=0;
b=10;
}
```

5．if 语句的嵌套

当 if 语句中的执行语句又是 if 语句时，则构成了 if 语句的嵌套。

其一般形式可表示如下：

```
if(表达式)
    if 语句;
```

或

```
if(表达式)
    if 语句;
else
    if 语句;
```

在嵌套内的 if 语句可能又是 if else 型的双分支语句，这将会出现多个 if 和多个 else 重叠的情况，这时要特别注意 if 和 else 的配对问题。

匹配规则：else 总是与它上面的，最近的，同一个复合语句中的，未配对的 if 语句配对。

例如：

```
if(表达式 1)
    if(表达式 2)
        语句 1;
    else
语句 2;
```

其中的 else 究竟是与哪一个 if 配对呢?根据规则判断，此处的 else 应该和表达式 2 的 if 配对。一个程序复杂的时候，寻找这种配对关系很麻烦，也容易造成逻辑错误，因此，建议大家，在 if 语句嵌套的情况下，最好使用花括号来确定配对关系。

5.5　条件运算符和条件表达式

如果在条件语句中，只执行单个的赋值语句时，即单分支的情况，常使用条件表达式来实现。不但使程序简洁，也提高了运行效率。

条件运算符：

? :

条件运算符是 C 程序中唯一的三目运算符，即有三个运算量。

由条件运算符及其运算量组成的条件表达式的一般形式为：

表达式 1 ？ 表达式 2 ： 表达式 3

条件表达式的执行顺序：先判断表达式 1 的值，如果为非 0 （真），则判断表达式 2 的值，此时表达式 2 的值就作为整个条件表达式的值；如果表达式 1 的值为 0 （假），则判断表达式 3 的值，此时表达式 3 的值就是整个条件表达式的值。

若在 if 语句中，当被判别的表达式的值为"真"或"假" 时，都执行一个赋值语句且向同一个变量赋值时，可以用一个条件表达式来处理。

例如：

```
if(a>b)
  max=a;
else
  max=b;
```

可用条件表达式处理为

```
max=(a>b)?a:b;
```

执行该语句的功能是如果 a>b 为真，则把 a 赋值给 max，否则把 b 赋值给 max。

使用条件表达式时，还应注意以下几点：

（1）条件运算符?和：是一对运算符，不能分开单独使用。

（2）条件运算符的运算优先级低于关系运算符和算术运算符，但高于赋值运算符。因此 max=(a>b)?a:b 可以去掉括号而写为 max=a>b?a:b。

（3）条件运算符的结合方向是自右至左。

例如：

```
a>b?a:c>d?c:d
```

应理解为

```
a>b?a:(c>d?c:d)
```

这是条件表达式的嵌套情况，即表达式 3 又是一个条件表达式。

（4）"表达式 2"和"表达式 3"不仅可以是数值表达式，还可以是赋值表达式或函数表达式。

（5）条件表达式中，表达式 1 的类型可以与表达式 2 和表达式 3 的类型不同。

例5.4 输入一个字符，如果是大写字母，则将其转换成小写字母，如果不是大写字母，则不转换，然后输出最后得到的字符。

源程序编写如下：

```
#include <stdio.h>
main ( )
{
  char ch;
  scanf("%c",&ch);
  ch=(ch>='A'&&ch<='Z')?(ch+32):ch;
  printf("%c\n",ch);
  }
```

运行情况：

```
    E↙
    e
```

如果字符变量 ch 的值为大写字母，则条件表达式的值为(ch+32)，即得到相应的小写字母。如果 ch 的值不是大写字母，则条件表达式的值为 ch，即不进行转换。

5.6　switch 语句

在编写程序时，经常会碰到按不同情况分转的多分支情况，有时用 if 语句来实现有些不方便，并且容易出错。对这种情况，C 程序提供了另一种专门处理多分支选择的语句，switch 语句。

1．switch 语句的一般形式为：

```
switch(表达式)
{
        case 常量表达式 1:      语句 1;
        case 常量表达式 2:      语句 2;
        ……
        case 常量表达式 n:      语句 n;
        default:              语句 n+1;
    }
```

2．功能：先判断 switch 后的表达式的值，然后与 case 后的常量表达式 1…n 的值逐个相比较，当表达式的值与某个常量表达式的值相等时，就执行其后的语句，然后不再进行判断，继续执行之后的所有 case 后的语句；如果表达式的值与所有 case 后的常量表达式的值均不相同，则执行 default 后的语句。

执行过程如图 5.4 所示。

例 5.5　要求输入一个整数，输出一个英文单词。

源程序编写如下：

```
#include <stdio.h>
main()
{
 int a;
 printf("input integer number:");
 scanf("%d",&a);
```

```
switch (a)
{
    case 1:printf("Monday\n");
    case 2:printf("Tuesday\n");
    case 3:printf("Wednesday\n");
    case 4:printf("Thursday\n");
    case 5:printf("Friday\n");
    case 6:printf("Saturday\n");
    case 7:printf("Sunday\n");
    default:printf("Error\n");
     }
}
```

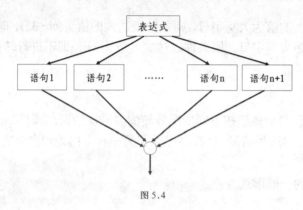

图 5.4

运行情况：

```
input integer number:3✓
Wednesday
Thursday
Friday
Saturday
Sunday
Error
```

当输入 3 之后，不仅执行了 case 3 之后的语句，也执行了 case 4 到 default 之后的所有语句，输出了 Wednesday 及以后的所有单词。这当然是不希望的。为什么会出现这种情况呢?这恰恰反应了 switch 语句的一个特点。在 switch 语句中，"case 常量表达式"只相当于一个语句标号，表达式的值和某标号相等则转向该标号执行，但不能在执行完该标号的语句后自动跳出整个 switch 语句，所以出现了继续执行所有后面 case 语句的情况。 这是与前面介绍的 if 语句完全不同的，应特别注意。为了避免上述情况， C 程序还提供了一种转向语句，其中的 break 语句专用于跳出 switch 语句，break 语句只有关键字 break，没有参数，在下一章还将详细介绍。因此，可以修改例题的程序，在每条 case 语句之后增加 break 语句， 使每选择一种 case 执行之后均可跳出 switch 语句，从而避免输出不应有的结果。

```
#include <stdio.h>
main( )
```

```
{
 int a;
 printf("input integer number:");
 scanf("%d",&a);
switch(a)
{
    case 1:printf("Monday\n");break;
    case 2:printf("Tuesday\n"); break;
    case 3:printf("Wednesday\n");break;
    case 4:printf("Thursday\n");break;
    case 5:printf("Friday\n");break;
    case 6:printf("Saturday\n");break;
    case 7:printf("Sunday\n");break;
    default:printf("Error\n");
   }
 }
```

运行情况：

```
input integer number:3✓
Wednesday
```

3．在使用 switch 语句时还应注意以下几点：

（1）switch 后的表达式的值可以是整型、字符型或枚举类型。

（2）每一个 case 后的常量表达式的值必须互不相同，否则就会出现互相矛盾的现象（对表达式的同一个值，有两种或多种执行方案）。

（3）case 后的执行语句可以是多个语句，可以不用花括号"{ }"括起来。

（4）每个 case 和 default 子句的先后顺序可以变动，而不会影响程序执行结果。

（5）default 子句有时可以省略不用。

（6）如果多个 case 后的执行语句相同，那么可以省略相同的执行语句，在最后一个 case 后写一次执行语句即可。

5.7　选择结构程序设计举例

例 5.6　从键盘输入五个学生成绩，统计并输出成绩 90 分以上的人数。

源程序编写如下：

```
#include <stdio.h>
main()
{
    float s1,s2,s3,s4,s5;
    int count=0 ;
    scanf("%f,%f,%f,%f,%f",&s1,&s2,&s3,&s4,&s5);
    if (s1>=90)     count++;
    if (s2>=90)     count++;
    if (s3>=90)     count++;
```

```
    if (s4>=90)      count++;
    if (s5>=90)      count++;
    printf("count=%d\n",count);
    }
```

运行情况：

```
81,85,78,95,90✓
count=2
```

例 5.7　判别某一年 year 是否闰年。

闰年的条件：能被 4 整除，但不能被 100 整除。

　　　　　　　或能被 4 整除，又能被 400 整除。

源程序编写如下：

```
#include <stdio.h>
main()
{
    int year,leap;
    scanf("%d",&year);
    if(year%4==0)
        {
if(year%100==0)
            {
if(year%400==0)  leap=1;
                else leap=0;
}
        else  leap=1;
}
else  leap=0;
if(leap) printf("%d is ",year);
   else printf("%d is not ",year);
   printf("a leap year.\n");
}
```

运行情况：

```
1989✓
1989 is not a leap year.
2000✓
2000 is a leap year.
```

还以用逻辑表达式来表示闰年的条件，

```
(year%4==0&&year%100!=0)||year%400==0
```

可以判断该表达式的值，如果为真就是闰年，否则为非闰年。程序可以修改如下，运行情况与之相同：

```
#include <stdio.h>
main()
```

```
{
    int year;
    scanf("%d",&year);
if((year%4==0&&year%100!=0)||year%400==0)
        printf("%d is a leap year.\n ",year);
else
        printf("%d is not a leap year.\n ",year);
}
```

例5.8 输入一个不多于 5 位的正整数，输出求出它是几位数。

源程序编写如下：

```
#include <stdio.h>
main()
{
  long  a;
  int  place;
  printf("Enter a integer(0-99999):");
  scanf("%ld",&a);
  if(a>9999)
   place=5;
  else if(a>999)
   place=4;
  else if(a>99)
   place=3;
  else if(a>9)
   place=2;
  else
   place=1;
  printf("place is %d\n",place);
}
```

运行情况：

```
Enter a integer(0-99999):12345✓
place is 5
```

例5.9 判别学生成绩的等级:小于 60 分为 E 级;60-70 分为 D 级;70-80 分为 C 级;80-90 分为 B 级;90-100 分为 A 级。

分析：分数段分配如图 5.5 所示，算法流程图如图 5.6 所示。

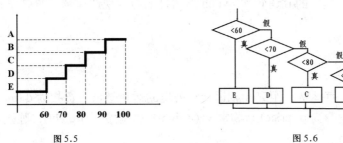

图 5.5

图 5.6

提示：将分数/10，得到的数值<6-E 级，<7-D 级，<8-C 级，<9-B 级，<=10-A 级。

源程序编写如下：

```c
#include <stdio.h>
main()
{
  int score;
  printf("input a score(0-100):");
  scanf("%d",&score);
  if(score<0||score>100)
      printf("data error!");
  else
      switch(score/10)
          {
case 0:
  case 1:
  case 2:
  case 3:
  case 4:
  case 5: printf("E\n"); break;
  case 6: printf("D\n"); break;
          case 7: printf("C\n"); break;
          case 8: printf("B\n"); break;
          default: printf("A\n");
            }
      }
}
```

运行情况：

```
input a score(0-100):89✓
B
```

【本章小结】

本章主要介绍了关系运算符、逻辑运算符和条件运算符，并重点介绍了选择结构程序设计。

选择结构的基本特点是：程序的流程由多条分支组成，在程序的一次执行过程中，根据不同的情况，只有一条分支被选中执行，而其他分支上的语句被直接跳过。

本章重点介绍了 C 程序的 if 语句和 switch 语句是如何实现选择结构的单分支、双分支、多分支的。

【练习与实训】

运输公司对用户计算运费。距离(s)越远，每公里的运费越低。折扣为 d (discount)，每公里每吨货物的基本运费为 p (price)，货物重 w (weight)，总运费 f (freight)，则总运费 f 的计算公式为 f=p*w*s*(1-d)。

$$d = \begin{cases} 0 & s < 250 \\ 0.02 & 250 \le s < 500 \\ 0.05 & 500 \le s < 1000 \\ 0.08 & 1000 \le s < 2000 \\ 0.1 & 2000 \le s < 3000 \\ 0.15 & 3000 \le s \end{cases}$$

分析折扣变化的规律性，如图 5.7 所示：

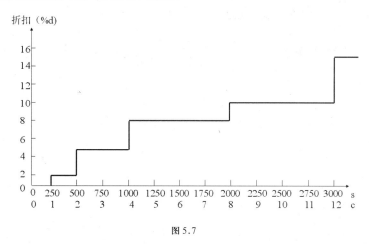

图 5.7

折扣的"变化点"都是 250 的倍数，那么在横轴上加一种坐标 c，c 代表 250 的倍数，c 的值为 s/250。

c<1，　无折扣；

1≤c<2，　折扣 d=2%；

2≤c<4，　d=5%；

4≤c<8，　d=8%；

8≤c<12，d=10%；

c≥12，d=15%。

源程序编写如下：

```c
#include <stdio.h>
main( )
    {
int c,s;
    float p,w,d,f;
    scanf("%f,%f,%d",&p,&w,&s);
    if(s>=3000) c=12;
    else  c=s/250;
    switch(c)
        {
case 0:d=0;break;
```

```
            case 1:d=2;break;
            case 2:case 3:d=5;break;
            case 4:
            case 5:
            case 6:
            case 7:d=8;break;
    case 8:
            case 9:
            case 10:
            case 11:d=10;break;
            case 12:d=15;break;
        }
        f=p*w*s*(1-d/100.0);
        printf("freight=%15.4f",f);
    }
```

运行情况：

<u>100,20,300</u>✓
freight=   588000.0000

第6章 循环结构程序设计

6.1 循环控制结构概述

循环控制结构（又称重复结构）是程序中一种很重要的结构，是结构化设计的三种基本结构之一。其特点是，当给定的条件成立时，反复执行某程序段，当条件不成立时停止。给定的条件称为循环条件，反复执行的程序段称为循环体。在实际问题中，常常需要进行大量的重复处理，循环控制结构可以使我们只写很少的语句，而让计算机反复执行相同的操作，从而完成大量重复性的计算。

C程序提供了多种循环语句，可以组成各种不同形式的循环结构。主要有四种基本循环语句：

1）goto 语句和 if 语句构成循环
2）while 语句
3）do…while 语句
4）for 语句

6.2 goto 语句以及 goto 语句构成的循环

goto 语句是一种无条件转向语句，与 BASIC 中的 goto 语句相似。goto 语句的使用格式为：

```
goto  语句标号；
```

其中"语句标号"的命名要符合标识符的规定，是一个有效的标识符，不能用整数来作标号。这个标识符加上一个"："一起出现在源程序的某行的行首，执行 goto 语句后，程序将跳转到该标号处并执行其后的语句。另外，标号必须与 goto 语句同处于一个函数中，但可以不在一个循环层中。

通常 goto 语句与 if 语句连用，当满足某一条件时，程序跳到标号处执行。

goto 语句通常不用，主要因为它使程序层次不清，可读性差，不符合结构化程序设计的原则。但在多层嵌套的结构中退出时，用 goto 语句比较适合。

例 6.1 用 goto 语句和 if 语句实现循环，输出 1 到 100 的和。

源程序编写如下：

```
#include <stdio.h>
main()
{
  int i,sum=0;
  i=1;
```

```
loop: if(i<=100)
     {
sum=sum+i;
     i++;
     goto loop;
}
     printf("sum=%d\n",sum);
}
```

运行结果：

```
sum=5050
```

6.3 while 语句

1．while 语句的一般形式为

```
while(表达式)
循环体语句
```

其中表达式是循环条件，只要循环条件的值为非零，就可以执行循环体语句。循环体语句可以是一个语句，也可以是一个复合语句。

2．功能：while 语句用来实现"当型"循环结构

3．while 语句的执行过程

当表达式的值为真(非 0)值时，执行循环体语句，然后再次判断表达式的值，当表达式的值为假（0）时，循环结束。

特点：先判断表达式，后执行循环体语句。

其执行过程可用流程图表示，如图 6.1 所示。

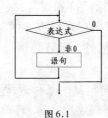

图 6.1

例 6.2 用 while 语句实现，输出 1 到 100 的和。源程序编写如下：

```
#include <stdio.h>
main()
   {
int i,sum=0;
     i=1;
     while (i<=100)
```

```
        {
sum=sum+i;
       i++;
      }
      printf("sum=%d\n",sum);
    }
```

运行结果：

```
sum=5050
```

4．终止 while 语句

当使用 while 语句循环的时候，在循环体语句中应有使循环趋向于结束的语句。可以是改变循环条件表达式的值的语句，使表达式的值变为假（0）；也可以使用 break 语句和 if 语句来终止循环，这将在 6.8 小节介绍。如果无此类语句，循环将永不结束，称为死循环。

5．构成循环的条件

如果以最一般的情况来考虑循环的话，一个完整的循环应包含以下四部分：
（1）初始化：对有关变量赋初值的部分。
（2）测试：控制循环的条件。
（3）执行：循环计算的操作部分。
（4）更新：每次循环后对有关变量的值的修正。
例 6.2 中这四个部分分别对应的是（1）sum=0; i=1;（2）i<=100（3）sum=sum+i;（4）i++;,这里的 i 变量被称作循环变量。

6.4　do…while 语句

1．do…while 语句的一般形式为

```
    do
       循环体语句
    while(表达式);
```

其中表达式是循环条件，只要循环条件的值为非零，就可以执行循环体语句。循环体语句可以是一个语句，也可以是一个复合语句。

2．功能：do…while 语句用来实现"当型"循环结构。

3．执行过程

先执行一次循环体语句，再判断表达式的值，当表达式的值为真（非 0）时，返回重新执行循环体语句，如此反复，当表达式的值为假（0）时，循环结束。
特点：先执行循环体语句，后判断表达式是否成立。
其执行过程可用流程图表示，如图 6.2 所示。

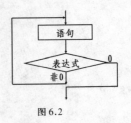

图 6.2

例 6.3　用 do…while 语句实现循环,输出 1 到 100 的和。源程序编写如下:

```c
#include <stdio.h>
    main()
    {
        int i,sum=0;
        i=1;
        do
        {
            sum=sum+i;
            i++;
        }
        while(i<=100);
        printf("sum=%d\n",sum);
    }
```

运行结果:

```
sum=5050
```

4．do…while 语句和 while 语句的比较

do…while 语句和 while 语句的不同在于:do…while 语句先执行循环体语句,然后再判断表达式是否成立;而 while 语句先判断表达式是否成立,表达式成立之后再执行循环体语句。因此,do…while 语句无论表达式是否成立,至少要执行一次循环体语句;而 while 语句有可能一次循环都不执行。

在一般情况下,用 while 语句和用 do…while 语句处理同一个问题时,如果二者的循环体部分是一样的,它们的结果也一样。但是如果 while 后面的表达式一开始就为假(0 值)时,两种循环的结果是不同的。

例 6.4　while 语句和 do…while 语句实现循环的比较,输出 1 到 10 的和。

源程序编写如下:

```c
#include <stdio.h>        #include <stdio.h>
main()           main()
{                                 {
    int sum=0,i;                      int sum=0,i;
    scanf("%d", &i);                  scanf("%d", &i);
    while (i<=10)                     do
    {                                 {
```

```
        sum=sum+i;                      sum=sum+i;
        i++;                            i++;
    }                               }
                                    while (i<=10);
    printf("sum=%d\n",sum);            printf("sum=%d\n",sum);
}                               }
```

运行结果：

```
1↙                              1↙
sum=55                           sum=55
```

再运行一次：

```
11↙                             11↙
sum=0                            sum=11
```

6.5 for 语句

C 程序中，for 语句使用最为灵活，它完全可以取代 while 语句。

1．for 语句的一般形式为：

```
        for(表达式 1；表达式 2；表达式 3)
    循环体语句
```

其中循环体语句可以是一个语句，也可以是一个复合语句。

2．功能：for 语句可以用于循环次数已经确定的情况，也可以用于循环次数不确定而只给出循环结束条件的情况。

3．执行过程：

（1）先求解表达式 1。

（2）求解表达式 2，若其值为真（非 0），则执行 for 语句中的循环体语句，然后执行第（3）步；若其值为假（0），则结束循环，执行第（5）步。

（3）求解表达式 3。

（4）返回第（2）步继续执行。

（5）循环结束，执行 for 语句之后的语句。

其执行过程可用流程图表示，如图 6.3 所示。

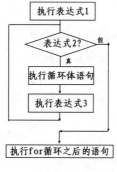

图 6.3

例 6.5 用 for 语句实现循环, 输出 1 到 100 的和。源程序编写如下:

```
#include <stdio.h>
main()
    {
int i,sum=0;
for(i=1;i<=100;i++)
        sum=sum+i;
 printf("sum=%d\n",sum);
 }
```

运行结果:

```
sum=5050
```

4. for 语句最简单的语法形式:

   for(循环变量赋初值; 循环条件; 循环变量修正)
     循环体语句

循环变量赋初值总是一个赋值语句, 用来给循环变量赋初值; 循环条件一般是一个关系表达式或逻辑表达式,它决定什么时候退出循环; 循环变量修正值, 定义循环控制变量每循环一次后按什么方式变化。这三个部分之间用 ";" 分隔开。

例如: 例 6.5 中

```
for(i=1;i<=100;i++)
sum=sum+i;
```

先给循环变量 i 赋初值 1,再判断 i 是否小于等于 100, 若是, 则执行循环体语句 "sum=sum+i;",然后执行 i 变量值加 1。再重新判断 i 值, 直到循环条件为假,即 i>100 时,结束循环。

相当于用 while 语句表示如下:

```
        循环变量赋初值
while (循环条件)
    {
循环体语句
        循环变量修正
 }
```

5. for 语句的灵活性:

下面对 for 语句的使用进行一些说明, 同时也能体会到 for 语句的灵活性。

(1) for 语句的 "表达式 1 (循环变量赋初值)"、"表达式 2(循环条件)" 和 "表达式 3(循环变量增量)" 都可以缺省,但分号 ";" 不能缺省。

① 省略了 "表达式 1", 应在 for 语句之前给循环变量赋初值。

例如:

```
i=1
for(; i<=100;i++)  sum=sum+i;
```

② 省略了"表达式 2"，即不判断循环条件，循环无终止地进行下去。也就是认为"表达式 2"始终为真。

例如：

```
for(i=1;;i++)sum=sum+i;
```

相当于：

```
    i=1;
    while(1)
    {
        sum=sum+i;
        i++;
    }
```

③ 省略了"表达式 3"，则不对循环变量的值进行修正,这时可在循环体语句中加入修正循环变量的语句。

例如：

```
for(i=1;i<=100;)
{
    sum=sum+i;
    i++;
}
```

④ 省略了"表达式 1"和"表达式 3"，只有表达式 2，即只有循环条件。

例如：

```
for(;i<=100;)
{
    sum=sum+i;
    i++;
}
```

相当于：

```
while(i<=100)
{
    sum=sum+i;
    i++;
}
```

在这种情况下，完全等同于 while 语句。可见 for 语句比 while 语句功能强，除了可以给出循环条件外，还可以赋初值，使循环变量自动增值等。

⑤ 3 个表达式都可以省略。

例如：

```
for(;;)语句
```

相当于：

```
while(1)语句
```

即不设初值，不判断条件(认为表达式 2 为"真"值)，循环变量值不变，无终止地执行循环体。

(2) 表达式 1 可以是设置循环变量初值的赋值表达式，也可以是与循环变量无关的其他表达式。

例如：

```
        for(sum=0;i<=100;i++)
sum=sum+i;
```

(3) 表达式 1 和表达式 3 可以是一个简单表达式也可以是逗号表达式。

例如：

```
for(sum=0,i=1;i<=100;i++)sum=sum+i;
```

或：

```
 for(i=0,j=100;i<=100;i++,j--)k=i+j;
```

表达式 1 和表达式 3 都是逗号表达式，各包含两个赋值表达式，即同时设两个初值，使两个变量增值

(4) 表达式 2 一般是关系表达式或逻辑表达式，但也可是数值表达式或字符表达式，只要其值非零，就执行循环体。

例如：

```
 for(i=0;(c=getchar())!='\n';i+=c);
```

在表达式 2 中先从终端接收一个字符赋给 c 变量，然后判断此赋值表达式的值是否不等于'\n'(换行符)，如果不等于'\n'，就执行循环体。这里的循环体为空语句，把本来要在循环体内处理的内容放在表达式 3 中，作用是一样的。可见 for 语句是多么灵活，可以在表达式中完成本来应在循环体内完成的操作。

6.6   嵌套循环

嵌套循环（nested loop）是指在另一个循环之内的循环。通常使用嵌套循环来按行按列显示数据。也就是说一个循环处理一个行中的所有列，而另一个循环处理所有行。

例 6.6   输出九九表。

分析：

Step1：九九表共九行九列，先考虑九行如何输出：

```
for(i=1;i<=9;i++)
{
    输出第 i 行
}
```

Step2：每行有 9 个数字，因此"输出第 i 行"应当处理为

```
for(j=1;j<=9;j++)
{
    输出第 j 个数
}
```

Step3："输出第 j 个数"就是在第 i 行的第 j 列上输出一个数，数值为 i*j 的值。

```
printf("%4d",i*j);
```

此时，考虑是否加上换行符。显然不能在每个数字后面都换行，而应当是在第 9 个数字之后，一行的结束，进行换行。也就是在 j 循环之后换行。

```
printf("\n");
```

那么源程序编写如下：

```
#include <stdio.h>
main()
{
    int i,j;
    for(i=1;i<=9;i++)
    {
        for(j=1;j<=9;j++)
        printf("%4d",i*j);
        printf("\n");
    }
}
```

运行结果：

```
1   2   3   4   5   6   7   8   9
2   4   6   8  10  12  14  16  18
3   6   9  12  15  18  21  24  27
4   8  12  16  20  24  28  32  36
5  10  15  20  25  30  35  40  45
6  12  18  24  30  36  42  48  54
7  14  21  28  35  42  49  56  63
8  16  24  32  40  48  56  64  72
9  18  27  36  45  54  63  72  81
```

嵌套循环是如何执行的呢？在嵌套循环中，内层循环在外层循环的每次单独循环中都完全执行它的所有循环。也就是说，内层循环在外层循环的每个周期中做着同样的事情。那么，通过内层循环的一部分依赖于外层循环，可以使内层循环在每个周期中的表现不同。稍微修改一下例 6.6，使内层循环的开始字符，依赖于外层循环的循环次数。源程序修改如下：

```
#include <stdio.h>
main()
{
    int i,j,k;
```

```
for(i=1;i<=9;i++)
{
    for(k=1;k<=4*i;k++)
    printf(" ");
    for(j=i;j<=9;j++)
    printf("%4d",i*j);
    printf("\n");
}
```

运行结果：

```
1   2   3   4   5   6   7   8   9
    4   6   8  10  12  14  16  18
        9  12  15  18  21  24  27
           16  20  24  28  32  36
               25  30  35  40  45
                   36  42  48  54
                       49  56  63
                           64  72
                               81
```

嵌套循环的情况可以是多样的，本章介绍的四种基本循环语句，可以互相嵌套使用，形成多层循环的结构。但要注意的是，各循环必须完整，相互之间绝不允许交叉。如下面这种形式是不允许的：

```
do
{
    ....
    for (;;)
    {
        ....
    }while( );
}
```

6.7 几种循环的比较

循环的情况分为两种，一种是计数循环，另一种是不确定循环。计数循环是指循环次数预先已经确定。不确定循环是指在循环条件变为假（0）之前，不能预先知道循环要执行多少次。

当需要使用循环的时，应该使用哪一种呢？

1．这里所介绍的四种循环语句都可以用来处理同一个问题，一般可以互相代替。在处理问题的思路上可分成入口条件循环和退出条件循环，这四种语句中只有 do…while 语句是退出条件循环，其他三种语句都是入口条件循环。

2．while 语句和 for 语句都是入口条件循环，处理同一个问题，选择哪种语句更好些呢？一般使用 for 语句处理计数循环，当循环中只给出循环条件的不确定循环，使用 while 语句来处理。

3．While 语句、do…while 语句和 for 语句，可以用 break 语句跳出循环，用 continue 语句结束本次循环(break 语句和 continue 语句见下节)。而对用 goto 语句和 if 语句构成的循环，不能用 break 语句和 continue 语句进行控制。

6.8　break 语句和 continue 语句

一般来说，进入循环体以后，在下次循环判断之前，程序执行循环体中所有的语句。continue 语句和 break 语句可以根据循环体进行的判断结果来忽略部分循环甚至终止循环。

1．break 语句

break 语句的一般形式：

```
break;
```

break 语句通常用在循环语句和 switch 语句中，即起到了终止循环和跳出 switch 语句的功能。break 语句在 switch 语句中的用法已在前一章介绍过了,这里不再举例。

break 语句可用于 while、do…while、for 语句的循环体语句中,但不能用在 goto 语句和 if 语句构成的循环中。通常 break 语句总是与 if 语句联在一起使用，即如果满足条件，便跳出循环。在多层循环中，一个 break 语句只终止其所在的循环层的执行，而不影响其外层循环的执行。

例 6.7　输出半径为 1 到 10 的圆的面积，若面积超过 100，则不输出。

源程序编写如下：

```c
#include <stdio.h>
main()
{
    int r;
    float area;
    for(r=1;r<=10;r++)
    {
        area=3.141593*r*r;
        if(area>100.0)
            break;
        printf("square=%f\n",area);
    }
    printf("now r=%d\n",r);
}
```

运行结果：

```
square=3.141593
square=12.566372
square=28.274338
square=50.265488
```

```
square=78.539825
now r=6
```

2．continue 语句

continue 语句的一般形式:

```
continue;
```

continue 语句只用在 while、do…while、for 语句的循环体语句中，可使本次循环体的执行提前结束，不再执行 continue 下面的语句，然后再根据循环条件是否成立，决定是否进行下次循环。continue 语句常与 if 条件语句一起使用,用来加速循环。

同 break 语句一样，continue 语句也仅仅影响该语句本身所处的循环层，而对外层循环没有影响。

例 6.8　计算半径为 1 到 15 的圆的面积，只输出面积超过 50 的圆的面积。

源程序编写如下:

```
#include <stdio.h>
main()
{
    int r;
    float area;
    for (r=1;r<=5;r++)
    {
        area=3.141593*r*r;
        if(area<50.0)
            continue;
        printf("square=%f\n",area);
    }
}
```

运行结果:

```
square=50.265488
square=78.539825
```

3．continue 语句和 break 语句的区别

continue 语句只结束本次循环，而不是终止整个循环的执行。break 语句则是结束整个循环过程，不再判断执行循环的条件是否成立。

例 6.9

```
#include <stdio.h>
main()
{
  char c;
  while(c!=EOF)      /*EOF,Ctrl+z*/
    {
        c=getchar();
```

```
            if(c=='?')
                continue;   /*若是'?'，则不输出便进行下次循环*/
            printf("%c\n",c);
        }
    }
```

运行情况：

```
    boy?girl↙
    b
    o
    y
    g
    i
    r
    l
```

如果将 continue 语句换成 break 语句，运行情况如下：

```
    boy?girl↙
    b
    o
    y
```

6.9　循环结构程序设计举例

在循环的算法中，穷举和迭代是两种具有代表性的基本应用。穷举是一种重复型算法，基本思想是，对问题的所有可能状态一一测试，直到找到解或将全部可能状态都测试过为止。迭代是一个不断用新值取代变量的旧值，或由旧值递推出变量的新值的过程。

例 6.10　"水仙花数"是指一个三位数，三个数位数字的立方和这个数的数值相等，编程输出所有的水仙花数。

分析：本题适于使用穷举法求解，注意穷举范围为三位数 100 至 999，穷举条件为三位数的三个数位数字的立方和等于这个数的数值。

源程序编写如下：

```
#include <stdio.h>
main()
{
    int d0,d1,d2,n;
    printf("The numbers are :");
    for (n=100;n<=999;n++)
    {
        d0=n%10;
        d1=n%100/10;
        d2=n/100;
        if (n==d0*d0*d0+d1*d1*d1+d2*d2*d2)
        printf("%5d",n);
    }
```

```
    printf("\n");
}
```

运行结果：

```
    The numbers are : 153  370  371  407
```

例 6.11 输出 100 至 200 之间的全部素数。

分析：

Step1：举出所要验证的数。

```
for(m=101;m<=200;m=m+2)
{
验证素数
}
```

Step2: 验证素数。验证一个正整数 m（m>3）是否为素数，最简单的方法就是用 2 至 (m-1) 之间的各个整数 i 依次去除 m，如果都不能被整除，那么 m 就是素数。

```
for(i=2;i<=m-1;i++)
if(m%i==0) break;
if(i>=m)
{
    printf("%d",m);
}
```

实际上，m 不必被 2 至 (m-1) 的所有整数除，只需被 2 至 $\sqrt{m}$ 的所有整数除即可。

源程序编写如下：

```
#include <stdio.h>
#include <math.h>
main()
{
    int m,i,k,n=0;
    for(m=101;m<=200;m=m+2)
    {
        k=sqrt(m);
        for(i=2;i<=k;i++)
        if(m%i==0) break;
        if(i>=k+1)
        {
            printf("%5d",m);
            n=n+1;
        }
        if(n%10==0)  printf("\n");
    }
    printf("\n");
}
```

运行结果：

```
101  103  107  109  113  127  131  137  139  149
151  157  163  167  173  179  181  191  193  197
199
```

例6.12 输入两个正整数 m 和 n，输出最大公约数和最小公倍数。

分析：n 中存放大的数，m 中存放小的数。

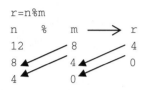

直到 m 的值为 0 结束，此时 n 的值为两数的最大公约数。此时反复执行 r=n%m；这个语句，只是每次执行时 n 和 m 的值都不同。

源程序编写如下：

```c
#include <stdio.h>
#include <math.h>
main()
{
    int p,r,n,m,temp;
    printf("Please input two intger n,m:");
    scanf("%d,%d",&n,&m);
    if(n<m)
    {
        temp=n;
        n=m;
        m=temp;
    }
    p=n*m;
    while(m!=0)
    {
     r=n%m;
     n=m;
     m=r;
    }
    printf("The Big:%d\n",n);
    printf("The Small:%d\n",p/n);
}
```

运行情况：

```
Please input two intger n,m:4,18✓
The Big:2
The Small:36
```

例 6.13　编写程序，计算 π 的近似值，公式如下：

$$\pi/4 \approx 1 - 1/3 + 1/5 - 1/7 + \cdots$$

到最后一项的绝对值小于 10^{-6} 为止。

分析：本题在循环时需要保持一个累计结果的变量，每次计算当前项时，需要变号操作，类似本题的结束控制使用 while 语句或 do…while 语句比较合适。注意当前项计算值和循环控制变量的关系。

源程序编写如下：

```c
#include <stdio.h>
#include <math.h>
main()
{
    float pi,t,n;
    int sign=1;
    pi=0.0; n=1.0; t=1.0;
    while(fabs(t)>=1e-6)
    {
        t=sign/n;
        pi+=t;
        n+=2;
        sign=-sign;
    }
    pi=pi*4;
    printf("pi=%f\n",pi);
}
```

运行结果：

```
pi=3.141598
```

【本章小结】

计算机运算速度快，最宜于重复性工作。在程序设计时，人们也总是把复杂的不易理解的求解过程转换为易于理解的操作的多次重复。这样，一方面可以降低问题的复杂性，减低程序设计的难度，减少程序书写及输入的工作量；另一方面可以充分发挥计算机运算速度快、能自动执行程序的优势。

本章主要介绍了以下内容。

（1）C 程序中的四种基本循环语句：goto 语句和 if 语句构成的循环、while 语句、do…while 语句、for 语句。

（2）多种循环组成的嵌套循环。

（3）应用在循环中的 break 语句和 continue 语句。

（4）最后通过一些典型的例题讲解了循环程序设计的常用算法。

【练习与实训】

编写一个简易的计算器程序，在屏幕上输出如下所示的字符界面菜单，由用户从键盘输入一个"+"、"-"、"*"、"/"四则运算的运算符，然后输出计算结果。本次计算完毕后，重新显示菜单，用户可以继续输入数据进行计算。直到用户输入字符"Q"或"q"，才退出程序。

源程序编写如下：

```c
#include <stdio.h>
main()
{
    float a,b,result;
    char op;
    a=12.5;
    b=2;
    while(1)
    {
        printf("*******************************************\n");
        printf("             Calculator\n");
        printf("*******************************************\n");
        printf(" +：加法   -：减法   *：乘法   /：除法\n");
        printf("*******************************************\n");
        printf(" 请输入运算符(+ - * /),退出程序输入Q(q):\n");
        op=getchar();
        getchar();
        switch(op)
        {
            case '+':result=a+b;printf("%f+%f=%f\n",a,b,result);
                break;
            case '-':result=a-b;printf("%f-%f=%f\n",a,b,result);
                break;
            case '*':result=a*b;printf("%f*%f=%f\n",a,b,result);
                break;
            case '/':result=a/b;printf("%f/%f=%f\n",a,b,result);
                break;
            case 'Q':
            case 'q':exit(0);
            default: printf("Error!\n");
        }
    }
}
```

第7章 数　　组

数组是有序数据的集合。数组中的每一个元素都属于同一个数据类型。用一个统一的数组名和下标来唯一地确定数组中的元素。数组可分为数值数组、字符数组、指针数组、结构数组等各种类别。本章主要介绍数值数组和字符数组。

7.1　一维数组的定义和引用

7.1.1　一维数组的定义

一维数组的定义方式为

类型说明符　数组名[常量表达式]；

例如：

int a[10]；说明整型数组 a，有 10 个元素。

float b[10]，c[20];说明实型数组 b，有 10 个元素，实型数组 c，有 20 个元素。

char ch[20]；说明字符数组 ch，有 20 个元素。

其中，类型说明符是任一种基本数据类型或构造数据类型。数组名是用户定义的数组标识符。方括号中的常量表达式表示数据元素的个数，也称为数组的长度。

说明：

数组的类型实际上是指数组元素的取值类型。对于同一个数组，其所有元素的数据类型都是相同的。

数组名的书写规则应符合标识符的书写规定。

数组名不能与其他变量名相同，例如：

```
int main()
{
int a;
float a[10];
……
}
```

是错误的。

（1）方括号中常量表达式表示数组元素的个数，如 a[6]表示数组 a 有 6 个元素。但是其下标从 0 开始计算。因此 6 个元素分别为 a[0]，a[1]，a[2]，a[3]，a[4]，a[5]。特别注意：不能使用 a[6]。

（2）不能在方括号中用变量来表示元素的个数，但是可以是符号常数或常量表达式。例如：

```
#define FD 5
int main()
{
int a[3+2],b[7+FD];
……
}
```

是合法的。但是下述说明方式是错误的。

```
int main()
{
int n=5;
int a[n];
……
}
```

（3）允许在同一个类型说明中，说明多个数组和多个变量。

例如：int a,b,c,d,k1[10],k2[20];

7.1.2　一维数组元素的引用

数组必须先定义，然后使用。C 语言规定只能逐个引用数组元素而不能一次引用整个数组。

数组元素的表示形式为：

数组名[下标]

例 7.1　数组元素的引用。

```
int main()
{
int i,arry[10];
for(i=0;i<=9;i++)
  arry[i]=i;                    /*给数组赋值*/
for(i=9;i>=0;i--)
  printf("%d",arry[i]);         /*反向输出数组各元素*/
return0;
}
```

7.1.3　一维数组的初始化

数组初始化是指在数组说明时给数组元素赋予初值。数组初始化是在编译阶段进行的。这样将减少运行时间，提高效率。

C 语言对数组的初始赋值有以下几点规定。

（1）在定义数组时对数组元素赋以初值。例如：

```
int a[6]={0,1,2,3,4,5};
```

将数组元素的初值依次放在一对花括弧内。经过上面的定义和初始化后，a[0]=0，a[1]=1，a[2]=2，a[3]=3，a[4]=4，a[5]=5。

（2）可以只给部分元素赋初值。当{}中值的个数少于元素个数时，只给前面部分元素赋值。例如：int a[10]={0,1,2,3,4};表示只给 a[0]~a[4]5 个元素赋值，而后 5 个元素自动赋 0 值。

（3）只能给元素逐个赋值，不能给数组整体赋值。例如给十个元素全部赋 1 值，只能写为：

```
int a[10]={1,1,1,1,1,1,1,1,1,1};
```

不能写成

```
int a[10]={1*10};
```

（4）如给全部元素赋值，则在数组说明中，可以不给出数组元素的个数。

例如： int a[5]={1,2,3,4,5};

可写为：

```
int a[]={1,2,3,4,5};
```

7.1.4 一维数组程序程序举例

例 7.2 用数组来求最大值的问题。

```
int main()
{
int i,max,a[10];
printf("input 10 numbers：");
for(i=0;i<10;i++)
scanf("%d",&a[i]);                    /*从键盘输入十个元素*/
max=a[0];
for(i=1;i<10;i++)
if(a[i]>max) max=a[i];
printf("maxnum=%d",max);    /*输出最大值*/
}
```

本例程序中第一个 for 语句逐个输入 10 个数到数组 a 中。然后把 a[0]送入 max 中。在第二个 for 语句中，从 a[1]到 a[9]逐个与 max 中的内容比较，若比 max 的值大，则把该下标变量送入 max 中，因此 max 总是在已比较过的下标变量中为最大者。比较结束，输出 max 的值。

7.2 二维数组的定义和引用

7.2.1 二维数组的定义

二维数组定义的一般形式为：
类型说明符 数组名[常量表达式][常量表达式]
如：int a[3][2],b[4][3];

定义 a 为 3*2（3 行 2 列）的数组，b 为 4*3(4 行 3 列)的数组。注意不能写成

```
int a[3,2],b[4,3];
```

C 语言对二维数组采用如此的定义方式，可使我们把二维数组看作是一种特殊的一维数组：它的元素又是一个一维数组。

如：把 a 看作是一个一维数组，它有 3 个元素：a[0]、a[1]、a[2]，每个元素又是一个包含 2 个元素的一维数组。见图 7.1。可把 a[0]、a[1]、a[2]看做是 3 个一维数组的名字。因此，上面定义的二维数组可理解为定义了 3 个一维数组，即相当于：

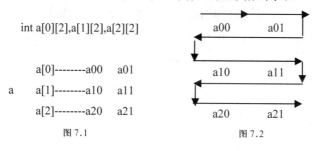

图 7.1　　　　　　　　　图 7.2

把 a[0]，a[1]，a[2]看作一维数组名，这种处理方法在数组初始化和用指针表示时显得很方便，下一节就会体会到。

C 语言中，二维数组中元素排列的顺序是：按行存放，即在内存中先顺序存放第一行的元素，再存放第二行的元素。图 7.2 表示对 a[3][2]数组存放的顺序。

C 允许使用多维数组。有了二维数组的基础，再掌握多维数组就不困难了。如，定义三维数组的方法是：

```
float a[4][3][2];
```

多维数组元素在内存中的排列顺序：第一维的下标变化最慢，最右边的下标变化最快。例如：

```
char c[2][2][3];    /*定义一个字符型的三维数组*/
```

数组 c[2][2][3]共有 2*2*3=12 个元素，顺序为：

```
c[0][0][0], c[0][0][1], c[0][0][2],
c[0][1][0], c[0][1][1], c[0][1][2],
c[1][0][0], c[1][0][1], c[1][0][2],
c[1][1][0], c[1][1][1], c[1][1][2],
```

数组占用的内存空间(即字节数)的计算式为：

字节数=第 1 维长度*第 2 维长度*...*第 n 维长度*该数组数据类型占用的字节数

7.2.2　二维数组元素的引用

二维数组的元素的表示形式为：

数组名[下标][下标]

例如：b[3][2]。下标可以是整型表达式，如 b[3-1][2*2-2]。

数组元素可以出现在表达式中，也可以被赋值，如：

```
a[1][2]=b[2][2]/3
```

在使用数组元素时，应该注意下标值应在已定义的数组大小的范围内。如：

```
int b[3][2];
......
b[3][2]=5;
```

用 b[3][2] 就超出了数组的范围。

请注意：定义数组时用的 b[3][2] 和引用元素时的 b[3][2] 的区别。前者 b[3][2] 用来定义数组的维数和各维的大小，后者 b[3][2] 中的 3 和 2 是下标值，b[3][2] 代表某一个元素。

7.2.3　二维数组的初始化

可以用如下的方法对二维数组进行初始化：

（1）分行给二维数组赋初值。如：

```
int b[3][2]={{1,2},{3,4},{5,6}};
```

第一个花括弧内的数据给第一行的元素，第二个花括弧内的数据赋给第二行的元素……即按行赋初值。

（2）可以将所有数据写在一个花括弧内，按数组排列的顺序对各元素进行赋值。如：

```
int b[3][2]={1,2,3,4,5,6};
```

效果同前，界限不清楚。

（3）可以对部分元素赋初值。

```
int b[3][2]={{1},{2},{3}};
```

其作用是只对各行的第 1 列的元素赋初值，其余元素值自动为 0。赋值后数组各元素为：

$$\begin{bmatrix} 1 & 0 \\ 2 & 0 \\ 3 & 0 \end{bmatrix}$$

也可对各行中的某一元素赋初值：

```
int b[3][2]={{0,1},{4},{0,5}};
```

初始化后的数组元素如下：

$$\begin{bmatrix} 0 & 1 \\ 4 & 0 \\ 0 & 5 \end{bmatrix}$$

```
int b[3][2]={{1},{2,3}};
```

第三行不赋初值，也可以对第二行不赋初值：

```
int b[3][2]={{1},{},{3}};
```

（4）若对全部元素都赋初值，则定义数组时对第一维的长度可以不指定，但第二维的长度不能省。如：

```
int b[3][2]={1,2,3,4,5,6};
```

与下面的定义等价：

```
int b[][2]={1,2,3,4,5,6};
```

7.2.4　二维数组程序举例

例 7.3

车队各车型一星期行程表及如耗油情况如下，计算车队一星期的油费。

	一	二	三	四	五	六	七
大卡车	1600	2300	4000	7500	2400	2400	3200
小卡车	7500	6300	7200	5900	5900	6000	5500
小汽车	3000	2900	3100	2700	2700	3500	4000

大卡车 1.5 元/公里
小卡车 1.0 元/公里
小汽车 0.8 元/公里

```
#include <stdio.h>
int main()
{   int dis[3]={0,0,0};float price[3]={1.5,1.0,0.8};
    int a[3][7]={{1600,2300,4000,7500,2400,2400,3200},
          {7500,6300,7200,5900,5900,6000,5500},
          {3000,2900,3100,2700,2700,3500,4000}};
    int total=0,i,j;
    for (i=0;i<3;i++)
    { for(j=0;j<7;j++)
        dis[i]=dis[i]+a[i][j];
    total=total+dis[i]*price[i];
    }
    printf("本周总消耗为%",total);
    return 0;
}
```

7.3　字符数组

7.3.1　字符数组的定义

字符型数组用于存放字符或字符串，数组中的每一个元素只能存放一个字符型数据，它在内在中占用一个字节。它的定义一数值数组一样，例如：

```
char ch[5];
ch[0]='H';
ch[1]='e';
ch[2]='l';
ch[3]='l';
ch[4]='o';
```

定义了 ch 为一维字符数组，包含五个元素，存放五个字符：

```
Hello
```

同其他类型数组一样，字符数组可以是一维的，也可以是二维的。又如：

```
char c[3][5];
```

它定义了 a 是一个三行五列的二维数组，可以存储 15 个字符。

7.3.2　字符数组的初始化

由于字符数组的每一个元素存放的是一个字符，因此可用字符常量来进行初始化。如：

```
char c[11]={'H','o','w',' ','a','r','e',' ','y','o','u'};
```

这条语句将为数组 c 中的每个元素赋初值。c[0]='H'，…，c[10]='u'。

需要注意的是，在定义字符数组时，要估计实际字符串长度，保证数组长度 始终大于实际字符串长度。如果花括号中所提供的初值个数小于数组长度，将从前向后依次给数组赋值，其余的元素将自动被赋予空字符 (\0)。如：

```
char c[11]={'H','i'};
```

则 c[0]= 'H',c[1]= 'i',其余全部被赋值'\0'。

当然我们还可以采用如下的办法，让编译器自动确定数组的长度，比较方便。例如：

```
char c[]={'g','o','o','d'};
```

则数组 c 的长度被自动定为 4。但这里需要提醒的是，如果没有初始值表，则在定义字符数组时，其长度是不能省略的。否则编译器将无法为数组预留空间。

7.3.3　字符串常量

前面对字符数组的初始化很不方便，其实，我们更多的是利用字符串常量来初始化字符数组。例如：

```
char c[]={"I am a student"};
```

也可以直接写成

```
char c[]="I am a student";
```

字符串常量（string constant）是指位于一对双引号之内的任何字符，作为字符串存储时，编译器自动在字符的末尾加上字符串结束标志\0。如上例中字符串常量"I am a student"，其有效字符为 14 个，但在内存中却占 15 个字节，这是因为在字符串常量的结尾被编译器自动加上了字符串结束标志\0的原因。

另外，字符串常量也可以用#define 来定义。

如果字符串中间没有间隔，或间隔的是空格符，ANSI C 会将其串联起来。如：

```
char c[ ]="I am","a","student";和
char c[ ]="I am a student";
```

是相等的。

如果想在字符串中使用双引号，则可以在双引号前加反斜线符号表示。如：

```
printf("\"stop! Bob\",exclaimed John.\n");
```

它的输出如下：

```
"stop! Bob",exclaimed John.
```

7.3.4 字符数组与字符串的区别

在 C 语言中，字符串是作为字符数组来处理的，C 语言规定了一个字符串结束标志，即字符'\0'。也就是说，在遇到字符'\0'时，表示字符串结束。而由它前面的字符构成字符串的有效字符。

对字符数组而言，C 语言并不要求它的最后一个字符一定为'\0'。在用字符常量初始化时，如果字符末尾没有字符'\0'，则该字符数组不能作为字符串处理，而只能作为字符逐个处理。试比较下面三条语句：

1）char c[ ]="How are you";
2）char c[ ]={'H','o','w',' ','a','r','e',' ','y','o','u','\0'};
3）char c[ ]={'H','o','w',' ','a','r','e',' ','y','o','u'};

其中 1）和 2）是等价的，而与 3）不等价。但在实际编程中，为了使处理方法一致，我们往往在 2）与 3）的选择中使用 2），即人为地在后面加上'\0'。

C 语言库函数中有关字符串处理的函数一般都要求所处理的字符串必须以'\0'结尾，否则将会出现错误。

我们已经知道，字符串常量是由双引号括起来的字符序列，例如："a string"就是一个字符串常量，该字符串中因为字符 a 后面还有一个空格字符，所以它由 8 个字符序列组成。在程序中如出现字符串常量 C 编译程序就给字符串常量安排一存储区域，这个区域是静态的，在整个程序运行的过程中始终占用，平时所讲的字符串常量的长度是指该字符串的字符个数，但在安排存储区域时，C 编译程序还自动给该字符串序列的末尾加上一个空字符'\0'，用来标志字符串的结束，因此一个字符串常量所占的存储区域的字节数总比它的字符个数多一个字节。

7.3.5 字符数组的输入与输出

字符数组的输入与输出有两种方法：
（1）逐个字符输入输出。用格式符"%c"输入或输出一个字符。
（2）将整个字符串一次输入或输出。用格式符"%s"输入或输出字符串。

例如：

```
    char c[ ]={"china"};
  printf{"%s",c};
```

在内存中数组 c 的状态如图 7.3 所示。输出时，遇到结束符 '\0' 就停止输出。输出结果为：

```
China
```

| C | h | i | n | a | \0 |

图 7.3

注意：

1、输出字符不包括结束符 '\0'.

2、用 "%s" 格式符输出字符串时，printf 函数中的输出项是字符数组名，而不是数组元素名。

3、如果数组长度大于字符串实际长度，也只输出到遇 '\0' 结束。

4、如果一个字符数组中包含一个以上 '\0'，则遇第一个 '\0' 时输出就结束。

7.3.6 字符串函数

在 C 的函数库中提供了一些用来处理字符串的函数，使用方便。下面几种常用的函数。

1. 1gets(字符数组)

gets (代表 get string)函数对于交互式程序非常方便。它从系统的标准输入设备(通常是键盘)获得 1 个字符串。

我们来看一个例子：

```
#include <stdio.h>
int main()
{
    char string[80];
    printf("Input a string:");
    gets(string);
    printf("The string input was: %s\n", string);
    return 0;
}
```

运行结果为：

```
Input a string: how are you
The string input was: how are you
```

我们看到，由键盘输入 how are you 并回车后，将自动换行。

注意 gets( )函数返回的指针与传递给它的指针是同一个指针，这意味着它将把读入的字符串放入我们给它预留的空间。另外，如果出错或如果 gets()遇到文件结尾，它就返回一个空(或 0)地址。这个空地址被称为空指针，并用 stdio.h 里定义的常量 NULL 来表示。因此 gets()中还加入了一些错误检测，这使它可以很方便地以如下形式使用：

```
while (gets (c)!=NULL)
```

这样的指令使您既可以检查是否到了文件结尾，又可以读取一个值。如果遇到了文件结尾，c 中什么也不会读入。上例中，如果不输入 how are you，而是直接回车的话，那么结果是：

```
Input a string:
The string input was:
```

2．puts(字符数组)

功能：把 str 指向的字符串输出到标准输出设备，并将'\0'转换为回车换行。
返回值：返回换行符，若失败，返回 EOF。
看下面的例子：

```
#include <stdio.h>
int main( )
{
    char string[] = "This is an example output string\n";
    p=string;
    puts(string);
    return 0;
}
```

其输出结果为：

```
]This is an example output string
```

3．strlen(字符数组)

功能：统计 str 指向的字符串中字符的个数，不包括终止符。
返回值：返回字符个数。
strlen()用法很简单，如下例：

```
#include <string.h>
#include <stdio.h>
int main( )
{
    char p[ ]="Hello";
    printf("the word 'hello' includes %d characters.",strlen(p));
    return 0;
}
```

输出结果为：

```
the word 'hello' includes 5 characters
```

4．strcat(字符数组 1，字符数组 2)

功能：将 str2 所指向的字符串接到 str1 后面，str1 后面的空字符取消。

返回值：str1。

```
#include <string.h>
#include <stdio.h>
int main( )
{
    char Borland[25] = "Borland";
    char c[ ] = "C++", blank [ ]=" ";
    strcat(Borland, blank);
    strcat(Borland, c);
    printf("%s\n", destination);
    return 0;
}
```

输出结果为：

```
Borland C++
```

说明：

（1）字符数组 1 必须足够大，以便容纳连接后的字符串。长度不足就会出现问题。

（2）连接前两个字符串的后面都有一个 '\0',连接时将字符串 1 后面的 '\0' 取消，只在新串最后保留一个 '\0'。

5．strcmp(字符数组 1，字符数组 2)

功能：比较两个字符串。

返回值：str1<str2,返回负数；

str1=str2,返回 0；

str1>str2,返回正数。

用法如下例：

```
#include <string.h>
#include <stdio.h>
int main( )
{
    char buf1[ ] = "aaa", buf2[ ] = "bbb", buf3[ ] = "ccc";
    int ptr;
    ptr = strcmp(buf2, buf1);
    if (ptr > 0)
        printf("buffer 2 is greater than buffer 1\n");
    else
        printf("buffer 2 is less than buffer 1\n");
    ptr = strcmp(buf2, buf3);
    if (ptr > 0)
```

```
        printf("buffer 2 is greater than buffer 3\n");
    else
        printf("buffer 2 is less than buffer 3\n");
        return 0;
    }
```

运行结果为：

```
 buffer 2 is greater than buffer 1
 buffer 2 is less than buffer 3
```

6. strcpy(字符数组 1，字符数组 2)

功能：把 str2 指向的字符串复制到 str1 中去。
返回值：str1。

```
#include <stdio.h>
#include <string.h>
int main( )
 {
    char string[10];
    char str1[ ] = "abcdefghi";
    strcpy(string, str1);
    printf("%s\n", string);
    return 0;
 }
```

运行结果为：

```
 abcdefghi
```

说明：
（1）字符数组 1 必须定义的足够大，以便容纳被复制的字符串。
（2）副职是联通字符串后面的'\0'一起复制到字符数组 1 中。
（3）可以用 strcpy 函数将字符串 2 中前面若干个字符复制到字符数组 1 中去。
格式为：strncpy(字符数组 1，字符串 2，数值)

看下面的例子：

```
#include <stdio.h>
#include <string.h>
int main( )
{
    char string[10];
    char str1[ ] = "abcdefghi";
    strncpy(string, str1, 3);
    string[3] = '\0';
    printf("%s\n", string);
    return 0;
}
```

运行结果为：

　abc

7．strlwr(字符串)与 strupr(字符串)

strlwr()是把字符串中的大写字母换成小写字母；而 strupr()是把字符串中的小写字母换成大写字母。

7.3.7　字符数组应用举例

例 7.4　输入一行字符，统计其中有多少个单词，单词之间用空格分隔开。

```
#include <stdio.h>
#include <string.h>
int main( )
{
    char string[81];
    int I,num=0,word=0;
char c;
    gets(string);
for(i=0;(c=string[i])!='\0';i++)
if(c= ='') word=0 ;
else if (word= =0)
  {
     word=1;
num++;
}
    printf("there are %d words in the line.\n", num);
    return 0;
}
```

【本章小结】

　　数组是可以在内存中连续存储多个元素的结构。数组中的所有元素必须属于相同的数据类型，存储器单元是一维线性排列的。数组必须先声明，然后才能使用。声明一个数组只是为该数组留出内存空间，并不会为其赋以任何值。数组的元素通过数组下标访问，灵活使用数组是学习编程与解决实际问题的重要方法。

【练习与实训】

一、选择题

（1）以下能正确定义二维数组的是

　　　A．int a[][3];　　　　　　　　B．int a[][3]= {2*3};

　　　C．int a[][3]={};　　　　　　　D．int a[2][3]={{1},{2},{3,4}};

（2）有以下程序

```
main()
 {int a[3][3],*p,i;
 p=&a[0][0];
 for(i=0;i<9;i++) p[i]=i+1;
 printf("%d\n",a[1][2]);
 }
```

程序运行后的输出结果是

A. 3   B. 6   C. 9   D. 2

（3）以下能正确定义数组并正确赋初值的语句是

    A．int N=5,b[N][N];   B．int a[1][2]={{1},{3}}；

    C．int c[2][]={{1,2},{3,4}}；   D．int d[3][2]={{1,2},{34}}；

（4）有以下程序

```
main()
 {intm[][3]={1,4,7,2,5,8,3,6,9};
 int i,j,k=2;
 for(i=0;i<3;i++)
 {printf("%d",m[k][i]);}
 }
```

执行后输出结果是

A．4 5 6   B．2 5 8   C．3 6 9   D．7 8 9

（5）有以下程序

```
main()
 {int aa[4][4]={{1,2,3,4},{5,6,7,8},{3,9,10,2},{4,2,9,6}};
 int i,s=0
 for(i=0;i<4;i++) s+=aa[i][1];
 printf( "%d\n" ,s);
 }
```

程序运行后的输出结果是

A．11   B．19   C．13   D．20

（6）以下程序的输出结果是

```
main()
 {int b[3][3]={0,1,2,0,1,2,0,1,2},i,j,t=1;
 for(i=0;i<3;i++)
 for(j=i;j<=i;j++) t=t+b[i][b[j][j]];
 printf("%d\n",t);
 }
```

执行后输出结果是

A．3   B．4   C．1   D．9

(7) 以下数组定义中不正确的是

    A．int a[2][3]；   B．int b[][3]={0,1,2,3}；

    C．int c[100][100]={0}；   D．int d[3][]={{1,2},{1,2,3},{1,2,3,4}}；

(8) 以下程序的输出结果是

```
main()
  {int a[4][4]={{1,3,5},{2,4,6},{3,5,7}};
  printf("%d%d%d%d\n",a[0][3],a[1][2],a[2][1],a[3][0]);
  }
```

    A．0650   B．1470   C．5430   D．输出值不定

(9) 有如下程序

以下是引用片段：

```
main()
  {int a[3][3]={{1,2},{3,4},{5,6}},i,j,s=0;
  for(i=1;i<3;i++)
    for(j=0;j<3;j++)
      s=s+a[i][j];
  printf("%d\n",s);
  }
```

该程序的输出结果是

    A．18   B．19   C．20   D．21

(10) 以下程序的输出结果是

    A．14   B．0   C．6   D．值不确定

以下是引用片段：

```
main()
  {int n[3][3],i,j;
  for(i=0;i<3;i++)
   for(j=0;j<3;j++) n[i][j]=i+j;
  for(i=0;i<2;i++)
   for(j=0;j<2;j++) n[i+1][j+1]+=n[i][j];
  printf("%d\n",n[i][j]);
  }
```

二、编程题

1．输入 100 个 1~50 的整数，统计每个数出现的次数。

2．求 Fibnacci 数列 {1,1,2,3,5,8,13,21,...}，从第三个数开始，每个数是前两个数之和。

3．求出 3×4 矩阵中的最大值及其所在的行列号.

4．按<60，60~69，70~79，80~89，90~99，100 分段统计全班 50 名学生在各分数段的人数。

第8章 函　　数

为了使程序结构清晰，便于编写，因此需要将程序按功能划分成一些相对独立，功能单一的若干子模块。就像日常生活中我们将书放进书柜里，将水果、饮料放入冰箱里。这样，无论多么复杂，规模多么大的程序，最终都落实到一个小型、简单函数的编写工作上。因此要想成为一个优秀的程序员，必须很好地掌握函数的编写方法和使用方法。

8.1　概述

8.1.1　函数应用的 C 程序实例

例 8.1　简单的函数调用的例子。

```
/*功能：定义两个输出函数并在主函数中调用*/
#include <stdio.h>
int main ()
{
void printst (void) ;
void print_ hello (void) ;
printst () ;                    /* 调用 printst 函数 */
print_ hello () ;              /* 调用 print_hello 函数 */
printst () ;
return (0) ;                    /* 调用 printst 函数 */
}

void printst (void)            /* printst 函数 */
{
printf (" *************** \n") ;
}
void print_hello ( )           /* print_hello 函数 */
{
printf (" Hello!  \n") ;
}
```

程序运行情况如下：

```
****************
Hello!
****************
```

例 8.2　定义一个函数，用于求两个数中的大数。

```
/*功能：定义一个求较大数的函数并在主函数中调用*/
```

```
#include <stdio.h>
int max (int n1, int n2)              /*定义一个函数 max () */
{
return (n1>n2?n1:n2);
}

int main ()
  {
 int max (int n1, int n2);                    /*函数说明*/
    int num1,num2;
    printf ("input two numbers:\n");
    scanf ("%d%d", &num1, &num2);
    printf ("max=%d\n", max (num1,num2));
    return (0);
  }
```

程序运行结果为：

```
input two numbers:
5  6✓
max=6
```

我们通过上述例子来进行对函数的深入了解，首先什么是函数？函数是用于完成特定任务的程序代码的自包含单元。尽管 C 中的函数和其他语言中的函数，子程序或子过程等扮演者相同的角色，但是在细节上会有所不同。某些函数会导致执行某些动作，比如 printf () 可使数据呈现在屏幕上；还有一些函数能返回一个值以供程序使用，如 strlen () 将指定字符串的长度传递给程序。一般来讲，一个函数可同时具有以上两种功能。其次是用函数究竟有什么意义？使用函数具有三方面的意义：第一是程序结构清晰，可读性好。第二可以减少重复编码的工作量。第三可多人共同编制一个大程序，缩短程序设计周期，提高程序设计和调试的效率。

8.1.2　函数的分类

C 语言为我们提供了丰富的函数，这些函数又可以从不同的角度来进行分类。

1. 从函数的使用的角度看：

（1）标准函数（库函数）：由 C 语言系统提供，用户无须定义，也不必在程序中做类型声明，只需在程序前包含该函数原型的头文件，即可在程序之间调用。如：getchar ( )、sin (x) 等。

（2）用户自定义函数：用户函数是用户按需要编写的函数。如:例 8.1 中的 printst ( ) 函数。

2. 从函数定义形式的角度看：

（1）有参函数：在主调函数和被调用函数之间通过参数进行数据传递。

如：int max (int n1,int n2) { … }

（2）无参函数：在调用无参函数时，主调函数不需要将数据传递给无参函数。

　如：`getchar ( )`

3．从函数的作用范围进行分类：

（1）外部函数：可以被任何编译单位调用的函数称为外部函数。

（2）内部函数：只能在本编译单位中被调用的函数称为内部函数。

以上各类函数不仅数量多，而且有的还需要硬件知识才会使用，因此要想全部掌握需要一个较长的学习过程。我们应首先掌握一些最基本、最常用的函数，再逐渐深入。特别应该指出的是：

一个 C 源程序文件由一个或若干个函数组成。一个 C 源程序文件是一个编译单位，C 函数不是编译单位。

一个 C 程序由一个或若干个 C 程序的源文件组成。对较大的程序，一般不希望全放在一个文件中，而将函数和其他内容分放在若干个源文件中，再由若干源文件组成一个 C 程序，函数的代码一般不超过 50 行。这样可分别编写、编译，提高调试效率，使我们所编写的程序满足结构化程序设计的思想。同时一个源文件可为编写多个 C 程序所公用。

一个完整的 C 程序中，必须有、而且只允许其中的一个 C 程序源文件含有一个 main 函数名。程序的执行从 main 函数开始，调用其他函数后返回到 main 函数，在 main 函数中结束整个程序的执行。

所有的函数都是平行的，一个函数并不从属于另一函数，不能在一个函数内再定义一个新的函数，即函数不能嵌套定义。函数可互相调用，但不能调用 main 函数。

8.2　函数的定义与调用

8.2.1　函数的定义

C 语言中的所有函数与变量一样，在使用之前必须说明。

（1）无参函数定义的一般形式

```
函数类型　函数名（void）
        ｛声明语句部分；
          可执行语句部分；
          ｝
```

例 8.1 中的 printst（ ）函数就是无参函数。

注意：在旧标准中，函数可以缺省参数表。但在新标准中，函数不可缺省参数表；如果不需要参数，则用"void"表示，主函数 main（ ）例外。

（2）有参函数定义的一般形式

```
函数类型　函数名（数据类型　参数[，数据类型　参数2……]）
            ｛声明语句部分；
              可执行语句部分；
              ｝
```

例 8.2 中的 int max （int n1,int n2）函数。

有参函数比无参函数多了一个内容，就是形式参数类型说明。在形参表中给出的参数称为形式参数，它们可以是各种类型的变量，各参数之间用逗号间隔。在进行函数调用时，主调函数将赋予这些形式参数实际的值。

（3）空函数——既无参数、函数体又为空的函数。其一般形式为：

函数类型　函数名（数据类型　参数 [, 数据类型　参数 2……]　）

　　　　　　{　}

例如：

```
void dummy (void)
{    }
```

空函数的参数可有可无，调用此函数时，什么工作也不做，没有任何实际作用。空函数主要是为了在编程时为以后扩充函数和程序功能所用。

8.2.2　对被调用函数的声明和函数原型

在一个函数中调用另一个函数（即被调用函数）需要具备的条件如下。

（1）首先被调用的函数必须是已经存在的函数（是库函数或用户自己定义的函数）。但光有这一条件还不够。

（2）如果使用库函数，还应该在本文件开头用#include 命令将调用有关库函数时所需用到的信息"包含"到本文件中。例如，前几章中已经用过的命令：

```
#include <stdio.h>
```

（3）如果使用用户自己定义的函数，且该函数与调用它的函数在同一程序源文件中，一般还应在主调函数中对被调函数作声明。那么什么是函数的声明呢？它和函数定义有何区别呢？

函数定义：对函数功能的确立，包括指定函数名、函数值类型、形参及其类型，函数体等，它是一个完整的、独立的函数单位。

函数声明：把函数的名字、函数值类型以及参数的类型、个数和顺序通知编译系统，以便在调用该函数时系统按此进行对照，进行调用的合法性检查。

在 ANSI C 新标准中，采用函数原型方式，对被调用函数进行声明，其一般格式如下：

函数类型　函数名（数据类型 [参数名 1][, 数据类型 [参数名 2]…]）；

例如：

```
int  put (int x,int y,int z,int color,char p)      /*说明一个整型函数*/
char name (void) ;                      /*说明一个字符串指什函数*/
void student (int n, char str) ;          /*说明一个不返回值的函数*/
float calculate ( void) ;                /*说明一个浮点型函数*/
```

C 语言同时又规定，在以下 2 种情况下，可以省去对被调用函数的声明：

（1）当被调用函数的函数定义出现在调用函数之前时。因为在调用之前，编译系统已经知道了被调用函数的函数类型、参数个数、类型和顺序。如：

```
int max (float n1, float n2)
{
float c;
c=n1>n2?n1:n2);
return (c);
}
int  main ()
{
   float  num1,num2；
       printf ("input two numbers:\n");
       scanf ("%f%f", &num1, &num2);
printf ("max=%d\n", max (num1,num2));
return (0);
}
```

（2）如果在所有函数定义之前，在函数外部（例如文件开始处）预先对各个函数进行了声明，则在调用函数中可缺省对被调用函数的声明。例如：

```
/*以下3行在所有函数之前，且在函数外部*/
char letter (char m,char n);
float f (float a,float b);
int i (float c,float d);

int main ()                 /*在main函数中要调用letter、f和i函数*/
{                           /*不必对它所调用的这三个函数进行声明*/
  ⋮
}
/*下面定义被main函数调用的三个函数*/
char letter (char m,char n)
{
  ⋮
}
float f (float a,float b)
{
  ⋮
}
int i (float c,float d)
{
  ⋮
}
```

8.2.3　函数的参数

函数的参数分为形参和实参两种，作用是实现数据传送。在定义函数时函数名后括弧中的变量名称为形式参数（简称形参）。在主调函数中调用一个函数时，函数名后括弧中的参数称为实际参数（简称实参）。

形参出现在函数定义中，只能在该函数体内使用。发生函数调用时，调用函数把实参的值复制 1 份，传送给被调用函数的形参，从而实现调用函数向被调用函数的数据传送。

例 8.3　实参对形参的数据传递。

```
int main ()
{
 void  so (int n) ;                    /*说明函数*/
 int m=100;                            /*定义实参n，并初始化*/
 so (n) ;                             /*调用函数*/
 printf ("m_so=%d\n",n) ;             /*输出调用后实参的值，便于进行比较*/
 return (0) ;
}

void  so (int n)
{
int i;
printf ("n_x=%d\n",n) ;               /*输出改变前形参的值*/
for (i=n-1; i>=1; i--)   n=n+i;        /*改变形参的值*/
printf ("n_x=%d\n",n) ;               /*输出改变后形参的值*/
}
```

程序运行结果为：

```
m_x=100
n_x=5050
m-x=100
```

对 C 函数形参和实参的说明：

（1）在定义函数中指定的形参，在未出现函数调用时，他们并不占内存中的存储单元。只有在发生函数调用时，对函数（被调函数）的形参才分配内存单元。在结束调用后，释放形参所占的内存单元；因此，形参只有在该函数内有效。调用结束，返回调用函数后，则不能再使用该形参变量。

（2）实参可以为常量、变量、表达式、函数等。无论实参是何种类型的量，在进行函数调用时，它们都必须具有确定的值，以便把这些值传送给形参。

（3）在被定义的函数中，必须指定形参的类型。（见例 8.3 程序第 9 行）

（4）调用语句中的实参个数、顺序应与被调用函数的形参个数、顺序相一致，实参与形参的类型应相同或赋值兼容。

（5）实参和形参占用不同的内存单元，即使同名也互不影响。

（6）C 语言规定，实参变量对形参变量的数据传递是"单值传递"，即只能把实参的值传送给形参，而不能把形参的值反向地传送给实参；此点要牢记。

例 8.4　编一程序，将主函数中的两个变量的值传递给 swap 函数中的两个形参，交换两个形参的值。

```
void swap (int x, int y)          /* x,y 为形参*/
{ int z;
```

```
    z=x; x=y; y=z;
printf ("\nx=%d,y=%d",x,y) ;
}

int main ( )
{ int a=10,b=20;
    swap (a,b) ;                /*a,b为实参*/
    printf ("\na=%d,b=%d\n",a,b) ;
}
```

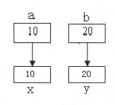

运行结果为

```
x=20,y=10
a=10,b=20
```

在调用函数时，给形参分配存储单元，并将实参对应的值传递给形参，调用结束后，形参单元被释放，实参单元仍保留并维持原值。因此，在执行一个被调用函数时，形参的值如果发生改变，并不会改变主调函数的实参的值。例如此程序在执行过程中 x 和 y 的值变为 20 和 10，而 a 和 b 的值仍为 10 和 20。

8.2.4　函数的调用

在程序中是通过对函数的调用来执行函数体的，其过程与其他语言的子程序调用相似。C 语言中，函数调用的一般形式为：

函数名（[实际参数表]）

说明：

（1）如果是调用无参函数，则"实参表列"可以没有，但括号不能省略；如果实参表列包含多个实参，则各参数间用逗号隔开。

（2）调用函数时，函数名称必须与具有该功能的自定义函数名称完全一致。

（3）实参在类型上按顺序与形参，必须一一对应和匹配。如果类型不匹配，C 编译程序将按赋值兼容的规则进行转换。如果实参和形参的类型不赋值兼容，通常并不给出出错信息，且程序仍然继续执行，只是得不到正确的结果。

（4）如果实参表中包括多个参数，对实参的求值顺序随系统而异。有的系统按自左向右顺序求实参的值，有的系统则相反。由于存在此问题，使程序通用性受到影响。因此应当避免这种容易引起不同理解的情况。

例 8.5　函数调用中实参的求值顺序。

```
void  fun (int a,int b)
{ printf ("a=%d,b=%d\n",a,b) ; }

int main ( )
{ int m=5;
 fun (3+m, m++) ;
return (0) ;
```

```
}
```

程序输出结果：

```
a=9,b=5
```

如果按自右向左顺序求实参的值，则函数调用相当于 f（9, 5），程序运行应得结果为"a=9,b=5"。 若按自左向右顺序求实参的值，则函数调用相当于 f（8,5），程序运行应得结果为 "a=8,b=5"。

为此，我们应该避免这种情况的出现，如果本意是自右向左求实参的值，可以改写为：

```
j=m++;
i=3+m;
fun (i,j) ;
```

如果本意是自左向右求实参的值，可以改写为：

```
j=3+m;
i=m++;
fun (j,i) ;
```

在 C 语言中，可以用以下几种方式调用函数：

（1）函数表达式。函数作为表达式的一项，出现在表达式中，以函数返回值参与表达式的运算。这种方式要求函数是有返回值的。

例如： c=max（a,b）；

（2）函数语句。C 语言中的函数可以只进行某些操作而不返回函数值，这时的函数调用可作为一条独立的语句。如例 8.2 中的"hello（ ）；"，这时不要求函数带回值，只要求函数完成一定的操作。

（3）函数实参。函数作为另一个函数调用的实际参数出现。这种情况是把该函数的返回值作为实参进行传送，因此要求该函数必须是有返回值的。

例如：printf（"%d",max（a,b））；

8.2.5 函数的返回值与函数类型

C 语言的函数兼有其他语言中的函数和过程两种功能，从这个角度看，又可把函数分为有返回值函数和无返回值函数两种。

1. 函数返回值与 return 语句

有参函数的返回值，是通过函数中的 return 语句来获得的。

（1）return 语句的一般格式：

return （ 返回值表达式 ）； 或 return 返回值表达式；

例如：

```
int max (int n1, int n2)          int max (int n1, int n2)
  { return (n1>n2?n1:n2) ; 可以写成:  { return n1>n2?n1:n2;
```

```
                    }                        }
```

（2）return 语句的功能：返回调用函数，并将"返回值表达式"的值带给调用函数。

注意：调用函数中无 return 语句，并不是不返回一个值，而是一个不确定的值。为了明确表示不返回值，可以用"void"定义成"无（空）类型"。

2．函数类型

在定义函数时，对函数类型的声明，应与 return 语句中、返回值表达式的类型一致。如果不一致，则以函数类型为准。如果缺省函数类型，则系统一律按整型处理。

例 8.6　返回值类型与函数类型不同。

```
int main ()
{
int max (float n1, float n2) ;
    float  num1,num2；
    printf ("input two numbers:\n") ;
    scanf ("%f%f", &num1, &num2) ;
printf ("max=%d\n", max (num1,num2) ) ;
return (0) ;
}
int max (float n1, float n2)
{
float c;
c=n1>n2?n1:n2) ;
return (c) ;
    }
```

运行情况如下：

```
1.5, 2.6↙
Max=2
```

函数 max 定义为整型，而 return 语句中的 c 为实型，二者不一致，按上述规定，先将 c 转换为整型，然后 max（num1,num2）带回一个整型值 2 返回主调函数 main。

良好的程序设计习惯：为了使程序具有良好的可读性并减少出错，凡不要求返回值的函数都应定义为空类型；即使函数类型为整型，也不使用系统的缺省处理。

8.3　函数的嵌套调用

C 语言中不允许作嵌套的函数定义。因此各函数之间是平行的，不存在上一级函数和下一级函数的问题。 但是 C 语言允许在一个函数的定义中出现对另一个函数的调用。 这样就出现了函数的嵌套调用。即在被调函数中又调用其他函数。其关系可表示如图 8.1,其执行过程是：

（1）执行 main 函数的开头部分；

（2）遇函数调用语句，调用 f1 函数，流程转去 f1 函数；

（3）执行 f1 函数的开头部分；

（4）遇函数调用语句，调用 f2 函数，流程转去 f2 函数；

（5）执行 f2 函数；

（6）f2 函数执行完毕返回 f1 函数的断点；

（7）继续执行 f1 函数尚未执行的部分；

（8）f1 函数执行完毕返回 main 函数的断点；

（9）继续执行 main 函数尚未执行的部分直至结束。

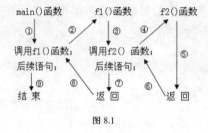

图 8.1

例 8.7　计算 $s=1^k+2^k+3^k+\cdots\cdots+N^k$

```
/*功能：函数的嵌套调用*/
#define K 4
#define N 5
long  f1 (int n,int k)        /*计算 n 的 k 次方*/
    {
long power=n;
        int i;
        for (i=1;i<k;i++)  power *= n;
        return power;
    }
long  f2 (int n,int k)        /*计算 1 到 n 的 k 次方之累加和*/
    {
long sum=0;
        int i;
        for (i=1;i<=n;i++)  sum += f1 (i, k) ;
        return sum;
    }
int main ()
    {
printf ("Sum of %d powers of integers from 1 to %ld = ",K,N);
        printf ("%d\n",f2 (N,K) ) ;
        return (0) ;
    }
```

程序运行结果为：

```
Sum of 4 powers of integers from 1 to  5=979
```

程序说明：本题编写了两个函数，一个是用来计算 n 的 k 次方的函数 f1，另一个是用来计算 1 到 n 的 k 次方之累加和函数 f2。主函数先调 f1 计算 n 的 k 次方，再在 f1 中以 n 的 k 次方为实参，调用 f2 计算其累加和，然后返回 f1，再返回主函数。

8.4　函数的递归调用

在调用一个函数的过程中又出现直接或间接地调用该函数本身，称为函数的递归调用；该函数本身称为递归函数。在递归调用中，主调函数又是被调函数。执行递归函数将反复调用其自身。　例如有函数 f ( ) 如下：

```
 int f  (int x)
{
int y;
z=f (y) ;
return z;
 }
```

这个函数是一个递归函数。但是运行该函数将无休止地调用其自身，这当然是不正确的。为了防止递归调用无终止地进行，必须在函数内有终止递归调用的方法。常用的办法是加条件判断，满足某种条件后就不再作递归调用，然后逐层返回。

关于递归的概念，有些初学者感到不好理解，下面用一个通俗的例子来说明。

例 8.8　有 5 个人坐在一起，问第五个人多少岁？他说比第四个人大 3 岁，问第四个人多少岁？他说比第三个人大 3 岁。以此类推，最后问第一个人，他说他 10 岁。请求第五个人的年龄。

显然，这是一个递归问题。要求第五个人的年龄，就必须先知道第四个人的年龄，而第四个人的年龄也不知道，要求第四个人的年龄，就必须先知道第三个人的年龄，而第三个人的年龄又取决于第二个人的年龄，第二个人的年龄取决于第一个人的年龄。且每个人的年龄比前一个人的年龄大 3 岁。于是我们可以用数学公式描述如下：

$$age(n) = \begin{cases} 10 & n=1 \\ age(n-1)+3 & n>1 \end{cases}$$

我们可以用一个函数来描述上述递归过程：

```
int age (int n)
{
  int  c;
  if (n==1)
    c=10;
else
  c=age (n-1) +3;
return c;
}
```

用一个主函数来调用 age 函数，求得第五个人的年龄：

```
    int  main ()
{
```

```
    printf ("%d\n",age (5) ) ;
    return (0) ;
 }
```

运行结果如下：

225

函数调用过程如图 8.2 所示。

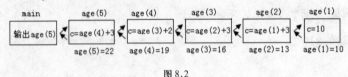

图 8.2

从图 8-3 可以看出，age 函数共调用 5 次，即 age (5)、age (4)、age (3)、age (2)、age (1)。其中 age (5) 是 main 函数调用的，其余 4 次是在 age 函数中调用的，即递归调用 4 次。

例 8.9 用递归法计算 n!。

思路：以求 4 的阶乘为例：

4!=4*3!，3!=3*2!，2!=2*1!，1!=1，0!=1。

递归结束条件：当 n=1 或 n=0 时，n!=1。

于是我们得出递归公式：

$$n!=\begin{cases}1 & n=0,1 \\ n*(n-1)! & n>1\end{cases}$$

程序代码如下：

```
long power (int n)
        {
 long f;
        if (n<0) printf ("error") ;
        else
if (n= =0||n= =1)  f=1;
            else  f=power (n-1) *n;
        return (f) ;
        }
 int main ()
    {
int n;
    long y;
    printf ("input a integer number:") ;
scanf ("%d",&n) ;
    y=power (n) ;
    printf ("%d!=%ld\n",n,y) ;
    return (0) ;
    }
```

程序运行情况如下：

```
input a integer number: 5✓
5!=120
```

程序说明：

程序中给出的函数 power 是一个递归函数。主函数调用 power 后即进入函数 power 执行，如果 n<0,n= =0 或 n= =1 时都将结束函数的执行，否则就递归调用 power 函数自身。由于每次递归调用的实参为 n-1，即把 n-1 的值赋予形参 n，最后当 n-1 的值为 1 时再作递归调用，形参 n 的值也为 1，将使递归终止。然后可逐层退回。

下面介绍一些编制递归函数的方法。

（1）数值型问题递归函数的编程方法

对于数值型问题，首先要找出解题的数学公式，这个公式必须是递归定义的，且所处理的对象要有规律地递增或递减，然后确定递归结束条件。

例 8.10　编一递归函数求 x^n 。

思路：首先把 x^n 转化成递归定义的公式

$$x^n = \begin{cases} 1 & n = 0 \\ x \times x^{n-1} & n > 0 \end{cases}$$

再找出递归结束条件：当 n=0 时，x^n=1。

程序如下：

```
long xn (int x,int n)
{
long f=0;
  if (n<0) printf ("n<0,data error!\n") ;
  else if (n==0) f=1;
  else f=x*xn (x,n-1) ;
  return (f) ;
}
int main ( )
{
int n,x; long y;
  scanf ("%d,%d",&x,&n) ;
  y=xn (x,n) ;
  printf ("%ld\n",y) ;
  return (0) ;
}
```

程序运行情况如下：

```
2,10✓
1024
```

（2）非数值型问题递归函数的编程方法

有些问题不能直接用数学公式求解。非数值型问题比数值型问题更难找出递归的算法。

它不能用一个递归公式表示。解决这类问题首先要把问题将大化小，将繁化简。将一个复杂的问题化解成若干个相对简单的小问题，而某个小问题的解法与原问题解法相同，并且越来越简单直至有确定的解。

例 8.11　编制一递归函数，将一个十进制正整数（如：15613）转换成八进制数形式输出。

思路：

（1）该题实际上是要把一个十进制数除以 8 得到的余数逆向输出。就是先得到的余数后输出，最后得到的余数最先输出。

（2）我们先由大化小：求八进制数变成求一系列余数的问题。求第一个余数是将 15613 除以 8 取余，因为先得到的余数后输出，所以把这个余数存在一个变量 m 中，接下去求下一个余数。和求第一个余数的方法相同，只是被除数变成了 15613 除以 8 的整数商 1951。因此，这是一个递归调用的问题。定义变量 m 存放余数，x 存放被除数。

递归算法描述如下：

① 先求出余数 m：m=x%8;

② 求 x 除以 8 取余后的整数商：x=x/8;

③ 如果 x 不等于 0，递归调用该函数，否则执行④。

④ 输出余数 m。

⑤ 返回调用点。

程序如下：

```c
#include "stdio.h"
void dtoo (int x)
{
  int m;
   m=x%8;
   x=x/8;
   if (x!=0) dtoo (x);
   printf ("%d",m);
}
int main ( )
{
 int n;
   scanf ("%d",&n);
   printf ("%d= (",n);
   dtoo (n);
   printf (") 8\n");
   return (0);
}
```

程序运行情况如下：

```
15613✓
15613= (36375) 8
```

8.5 数组作函数参数

8.5.1 数组元素作为函数参数

数组元素就是下标变量，它与普通变量并无区别。数组元素只能用作函数实参，其用法与普通变量完全相同：在发生函数调用时，把数组元素的值传送给形参，实现单向值传送。

例 8.12 求 5 个数中的最小值。

```
int min (int x, int y)
{
return (x<y?x:y) ;
}
int  main ( )
{
  int a[5],i,m ;
    for (i=0; i<5; i++)
    scanf ("%d",&a[i]) ;
    m=a[0];
    for (i=1; i<5; i++)
    m=min (m,a[i]) ;
printf ("min=%d\n", m) ;
return (0) ;
    }
```

运行情况如下：

```
2 7 8 4 6↙
min=2
```

说明：

（1）用数组元素作实参时，只要数组类型和函数的形参类型一致即可，并不要求函数的形参也是下标变量。换句话说，对数组元素的处理是按普通变量对待的。

（2）在普通变量或下标变量作函数参数时，形参变量和实参变量是由编译系统分配的两个不同的内存单元。在函数调用时发生的值传送，是把实参变量的值赋予形参变量。

8.5.2 数组名作为函数参数

用数组名作函数参数，此时函数实参和形参都应为数组名（或指针变量，关于指针变量在第 10 章讲解）

例 8.13 用冒泡法将 10 个整数排序。

```
#include <stdio.h>
void sort (int b[ ],int n) ;
void printarr (int b[ ]) ;
int main ( )
{
```

```
int a[10] = {11,22,63,97,58,80,45, 32,73,36};
  printf ("Before sort:\n") ;
  printarr (a) ;
  sort (a,10) ;
  printf ("After sort:\n") ;
  printarr (a) ;
return (0) ;
}

void printarr (int b[10])
{
int i;
  for (i=0; i<10; i++)
  printf ("%5d",b[i]) ;
  printf ("\n") ;
}

void sort (int b[ ], int n)
{
int i,j,t;
  for (i=1; i<n; i++)
    for (j=0; j<n-i; j++ )
      if (b[j]>b[j+1])
{  t=b[j];
b[j]=b[j+1];
b[j+1]=t;
}
}
```

程序运行结果如下：

```
Before sort:
11   22   63   97   58   80   45   32   73   36
  After sort:
  11   22   32   36   45   58   63   73   80   97
```

说明：

（1）用数组名作函数参数，应在主调函数和被调函数中分别定义数组,不能只在一方定义；

（2）实参数组与形参数组数据类型应一致；如不一致，结果将出错。

（3）形参数组的大小实际不起作用；C 编译只将实参数组的首地址传给形参数组；形参数组首元素 b[0]和实参数组首元素 a[0]具有同一地址，它们共占同一存储单元，所以 a[0]和 b[0]具有相同的值。

（4）形参数组也可不指定大小，在定义数组时在数组名后面跟一个空的方括弧，但为了使用的方便性、通用性，可另设一个参数来传递需要处理的数组元素的个数。

例 8.14　有一个一维数组 score，内放 4 个学生成绩，求平均成绩。

```
float average (float array[],int n)
```

```
{
    int i;
    float aver,sum=array[0];
    for (i=1;i<n;i++)
        sum=sum+array[i];
    aver=sum/n;
return aver;
}

int main ()
{
    float score[4],aver;
    int i;
clrscr () ;
    printf ("input 4 scores:\r\n") ;
    for (i=0;i<4;i++)
        scanf ("%f",&score[i]) ;
    printf ("\n") ;
aver=average (score,4) ;
    printf ("average score is %5.2f\r\n",aver) ;
    return (0) ;
}
```

（5）用数组名作函数实参时，不是把数组元素的值传递给形参，而是把实参数组的起始地址传递给形参数组，两个数组共占同一段内存单元。形参数组中各元素的值如发生变化会使实参数组元素的值同时也发生变化，这与变量作函数参数不同，应予以注意。例8.8 中实参数组和形参数组的结合。

a[0]	a[1]	a[2]	a[3]	a[4]	a[5]	a[6]	a[7]	2[8]	a[9]
11	22	63	97	58	80	45	32	73	36
b[0]	b[1]	b[2]	b[3]	b[4]	b[5]	b[6]	b[7]	b[8]	b[9]

(a) 排序前

a[0]	a[1]	a[2]	a[3]	a[4]	a[5]	a[6]	a[7]	2[8]	a[9]
11	22	32	36	45	58	63	73	80	97
b[0]	b[1]	b[2]	b[3]	b[4]	b[5]	b[6]	b[7]	b[8]	b[9]

(b) 排序后

例 8.15　哥德巴赫猜想之一是任何一个大于 5 的偶数都可以表示为两个素数之和。验证这一论断。

程序 N-S 流程图如图 8.3 所示：

程序代码如下：

```
#include <math.h>
int prime (int n) ;
int main ( )
{
int a,b,c,n;
    scanf ("%d",&n) ;
```

```
        for (a=6; a<=n; a+=2)
        for (b=3; b<=a/2; b+=2)
           if (prime (b) )
             { c=a-b;
                   if (prime (c) )
{ printf ("%d=%d+%d\n",a,b,c) ;
                     break; }
               }
        return (0) ;
}
/* 穷举法判断素数 */
int prime (int n)
{
int i;
        for (i=2; i<=sqrt (n) ; i++)
         if (n%i==0) return 0;
        return 1;
}
```

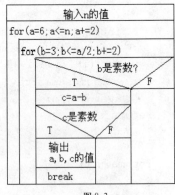

图 8.3

8.5.3 多维数组名作为函数参数

可以用多维数组名作函数的实参和形参，在被调用函数中对形参数组定义时可指定每一维的大小，也可省略其第一维的大小说明，但不能把数组第二维以及其他高维的大小说明省略。以二维数组为例，我们来体会一下它的使用。

例 8.16 求一个 3×4 矩阵的转置矩阵

程序如下：

```
/* 矩阵转置函数 */
void turn (int arra[ ][4],int arrb[ ][3])
{
int r, c;
  for (r=0; r<3;r++)
    for (c=0; c<4; c++)
      arrb[c][r]=arra[r][c];
}

int main ( )
{
int a[3][4]={{1,2,3,4},{5,6,7,8},{9,10,11,12}};
  int i,j,b[4][3];
  printf ("array a:\n") ;
for (i=0; i<3; i++)
   {
for (j=0; j<4; j++)
      printf ("%5d",a[i][j]) ;
    printf ("\n") ;
   }
```

```
turn (a,b) ;
  printf ("array b:\n") ;
 for (i=0; i<4; i++)
     {
for (j=0; j<3; j++)
        printf ("%5d",b[i][j]) ;
     printf ("\n") ;
   }
   return (0) ;
}
```

用多维数组名作为函数参数时需说明几点：

1、形参数组和实参数组的类型必须一致，否则将引起错误。

2、在被调用函数中对形参数组定义时可指定每一维的大小，也可省略其第一维的大小说明，但不能把数组第二维以及其他高维的大小说明省略。

3、在数组第二维以及其他高维的大小相同的前提下，形参数组的第一维可以与实参数组的第一维大小不同，因为在调用时，只传送首地址而不检查形参数组第一维的大小。当形参数组第一维的长度与实参数组不一致时，虽不至于出现语法错误（编译能通过），但程序执行结果将与实际不符，这是应予以注意的。

8.6　局部变量与全局变量

C 语言中所有的变量都有自己的作用域。变量说明的位置不同，其作用域也不同，据此将 C 语言中的变量分为内部变量和外部变量。

8.6.1　内部变量

在一个函数内部说明的变量是内部变量，它只在该函数范围内有效。

也就是说，只有在包含变量说明的函数内部，才能使用被说明的变量，在此函数之外就不能使用这些变量了。所以内部变量也称"局部变量"。

例如：

```
int f1 (int a)      /*函数 f1*/
{  int b,c；
      ……
}                   /*a,b,c 作用域：仅限于函数 f1 () 中*/

int f2 (int x)      /*函数 f2*/
{  int y,z；
 ……
}                   /*x,y,z 作用域：仅限于函数 f2 () 中*/

int main ()
{ int m,n；
      ……
```

```
}                    /*m,n作用域：仅限于函数 main () 中*/
```

关于局部变量的作用域还要说明以下几点。

1. 主函数 main () 中定义的内部变量，也只能在主函数中使用，其他函数不能使用。同时，主函数中也不能使用其他函数中定义的内部变量。因为主函数也是一个函数，与其他函数是平行关系。这一点是与其他语言不同的，应予以注意。

2. 形参变量也是内部变量，属于被调用函数；实参变量，则是调用函数的内部变量。

3. 允许在不同的函数中使用相同的变量名，它们代表不同的对象，分配不同的单元，互不干扰，也不会发生混淆。

4. 在复合语句中也可定义变量，其作用域只在复合语句范围内。

8.6.2 外部变量

在函数外部定义的变量称为外部变量。以此类推，在函数外部定义的数组就称为外部数组。

外部变量不属于任何一个函数，其作用域是：从外部变量的定义位置开始，到本文件结束为止。

外部变量可被作用域内的所有函数直接引用，所以外部变量又称全局变量。

例 8.17 输入长方体的长 (l)、宽 (w)、高 (h)，求长方体体积及正、侧、顶三个面的面积。

```
int s1,s2,s3;
int vs (int a,int b,int c)
{
int v;
    v=a*b*c;  s1=a*b;  s2=b*c;  s3=a*c;
return v;
 }
 int  main ()
{
int v,l,w,h;
  clrscr ();
  printf ("\ninput length,width and height： ");
  scanf ("%d%d%d",&l,&w,&h);
  v=vs (l,w,h);
  printf ("v=%d   s1=%d   s2=%d   s3=%d\n",v,s1,s2,s3);
  return 0;
 }
```

对于全局变量还有以下几点说明。

(1) 外部变量可加强函数模块之间的数据联系，但又使这些函数依赖这些外部变量，因而使得这些函数的独立性降低。

从模块化程序设计的观点来看这是不利的，因此不是非用不可时，不要使用外部变量。

(2) 在同一源文件中，允许外部变量和内部变量同名。在内部变量的作用域内，外部变量将被屏蔽而不起作用。

（3）外部变量的作用域是从定义点到本文件结束。如果定义点之前的函数需要引用这些外部变量时，需要在函数内对被引用的外部变量进行说明。

外部变量说明的一般形式为：

```
extern   数据类型   外部变量[,外部变量 2……];
```

注意：外部变量的定义和外部变量的说明是两回事。外部变量的定义，必须在所有的函数之外，且只能定义一次。而外部变量的说明，出现在要使用该外部变量的函数内，而且可以出现多次。

例 8.18   外部变量的定义与说明。

```
int vs (int xl,int xw)
{
extern int xh；             /*外部变量 xh 的说明*/
  int v；
  v=xl*xw*xh；              /*直接使用外部变量 xh 的值*/
  return v；
 }
int main ()
{
extern int xw,xh；          /*外部变量的说明*/
  int xl=5；                /*内部变量的定义*/
  printf ("xl=%d,xw=%d,xh=%d\nv=%d",xl,xw,xh,vs (xl,xw) ) ；
  return 0；
}
int xl=3,xw=4,xh=5；        /*外部变量 xl、xw、xh 的定义*/
```

8.7   变量的存储类别

在 C 语言中，对变量的存储类型说明有以下四种：自动变量（auto）、寄存器变量（register）、外部变量（extern）、静态变量（static）。自动变量和寄存器变量属于动态存储方式，外部变量和静态内部变量属于静态存储方式。

8.7.1   静态内部变量

定义格式： static   数据类型   内部变量表；

静态内部变量属于静态存储。在程序执行过程中，即使所在函数调用结束也不释放。换句话说，在程序执行期间，静态内部变量始终存在，但其他函数是不能引用它们的。

对静态内部变量是在编译时赋初值的，即只赋初值一次，定义但不初始化，则自动赋以" 0 "（整型和实型）或'\0'（字符型）；且每次调用它们所在的函数时，不再重新赋初值，只是保留上次调用结束时的值。

在下列情况使用静态内部变量：

（1）需要保留函数上一次调用结束时的值；

（2）初始化后，变量只被引用而不改变其值。

但是应该看到，用静态存储要多占内存，而且降低了程序的可读性，当调用次数多时往往弄不清静态内部变量当前的值是什么。因此，如不必要，不要多用静态内部变量。

8.7.2 自动局部变量

自动局部变量又称自动变量。

定义格式：[auto] 数据类型 变量表；

自动变量属于动态存储方式。在函数中定义的自动变量，只在该函数内有效；函数被调用时分配存储空间，调用结束就释放。

在复合语句中定义的自动变量，只在该复合语句中有效；退出复合语句后，也不能再使用，否则将引起错误。

定义而不初始化，则其值是不确定的。如果初始化，则赋初值操作是在调用时进行的，且每次调用都要重新赋一次初值。

由于自动变量的作用域和生存期，都局限于定义它的个体内（函数或复合语句），因此不同的个体中允许使用同名的变量而不会混淆。即使在函数内定义的自动变量，也可与该函数内部的复合语句中定义的自动变量同名。

建议：系统不会混淆，并不意味着人也不会混淆，所以尽量少用同名自动变量！

例 8.19 自动变量与静态局部变量的存储特性。

```
void  auto_static (void)
{
 int var_auto=0;                 /*自动变量：每次调用都重新初始化*/
  static int var_static=0;       /*静态局部变量：只初始化 1 次*/
  printf ("var_auto=%d, var_static=%d\n", var_auto, var_static);
  ++var_auto;
  ++var_static;
}
int  main ( )
{
int i;
  for (i=0; i<5; i++)  auto_static ( );
  return 0;
}
```

输出结果为：

```
var_auto=0, var_static=0
var_auto=0, var_static=1
var_auto=0, var_static=2
var_auto=0, var_static=3
var_auto=0, var_static=4
```

8.7.3 寄存器变量

一般情况下，变量的值都是存储在内存中的。为提高执行效率，C语言允许将局部变量的值存放到寄存器中，这种变量就称为寄存器变量。

定义格式： register 数据类型 变量表；

例 8.20 使用寄存器变量。

```
int fac (int n)
{
register int i,f=1;   /*定义寄存器变量*/
for (i=1;i<=n;i++)
f=f+1;
return (f) ;
}
int main ( )
{
int i;
for (i=1;i<=5;i++)
printf ("%d!=%d\n",I,fac (i) ;
return 0; }
```

只有局部自动变量才能定义成寄存器变量，全局变量和静态局部静态变量不行。

对寄存器变量的实际处理，随系统而异。例如，微机上的 MSC 和 TC 将寄存器变量实际当作自动变量处理。

允许使用的寄存器数目是有限的，不能定义任意多个寄存器变量。

8.7.4 外部变量

1. 静态外部变量

静态外部变量只允许被本源文件中的函数引用，而不能被其他文件引用。

其定义格式为：static 数据类型 外部变量表；

2. 非静态外部变量

非静态外部变量允许被其他源文件中的函数引用。

定义时缺省 static 关键字的外部变量，即为非静态外部变量。其他源文件中的函数，引用非静态外部变量时，需要在引用函数所在的源文件中进行说明：

extern 数据类型 外部变量表；

注意： 在函数内的 extern 变量说明，表示引用本源文件中的外部变量，而函数外（通常在文件开头）的 extern 变量说明，表示引用其他文件中的外部变量。

静态局部变量和静态外部变量同属静态存储方式，但两者区别较大。

（1）定义的位置不同。静态局部变量在函数内定义，静态外部变量在函数外定义。

（2）作用域不同。静态局部变量属于内部变量，其作用域仅限于定义它的函数内；虽然生存期为整个源程序，但其他函数是不能使用它的。

静态外部变量在函数外定义，其作用域为定义它的源文件内；生存期为整个源程序，但其他源文件中的函数也是不能使用它的。

（3）初始化处理不同。静态局部变量，仅在第 1 次调用它所在的函数时被初始化，当再次调用定义它的函数时，不再初始化，而是保留上 1 次调用结束时的值。而静态外部变量是在函数外定义的，不存在静态内部变量的"重复"初始化问题，其当前值由最近 1 次给它赋值的操作决定。

务必牢记：把局部变量改变为静态内部变量后，改变了它的存储方式，即改变了它的生存期。把外部变量改变为静态外部变量后，改变了它的作用域，限制了它的使用范围。因此，关键字"static"在不同的地方所起的作用是不同的。

8.8 内部函数和外部函数

一般函数是全局的，可被程序中多个文件调用。但是，也可以指定函数不能被其他文件调用。根据函数能否被其他文件调用，将函数分为内部函数和外部函数。

8.8.1 内部函数

如果在一个源文件中定义的函数，只能被本文件中的函数调用，而不能被同一程序其他文件中的函数调用，这种函数称为内部函数。

定义一个内部函数，只需在函数类型前再加一个"static"关键字即可：

```
static  函数类型  函数名（函数参数表）
```

关键字"static"，译成中文就是"静态的"，所以内部函数又称静态函数。此处"static"的含义是指对函数的作用域仅局限于本文件。

使用内部函数的好处是：不同的人编写不同的函数时，不用担心自己定义的函数，是否会与其他文件中的函数同名，因为同名也没有关系。

8.8.2 外部函数

（1）在定义函数时，如果没有加关键字"static"，或冠以关键字"extern"，表示此函数是外部函数：可供其他文件调用。格式为：

```
[extern] 函数类型  函数名（函数参数表）
```

（2）调用外部函数时，需要对其进行声明，表示该函数是在其他文件中定义的外部函数。格式为：

```
[extern]  函数类型  函数名（参数类型表）[，函数名 2（参数类型表 2）……]；
```

例 8.21 有一个字符串，内有若干个字符，今输入一个字符，要求程序将字符串中该字符删去。用外部函数实现。

下面是 4 个源程序文件实现此题的要求的代码。*/

源文件 File1.c 内容如下：

```
#include <conio.h>
extern void enter_string (char str[80]) ;
extern void delete_string (char str[],char ch) ;
```

```
extern void print_string (char str[]) ;
int main ()
{
      char c;
      char str[80];
clrscr () ;
      enter_string (str) ;
      printf ("\r\nplease input a character:\r\n") ;
      scanf ("%*c%c",&c) ;
      delete_string (str,c) ;
      printf ("\r\n") ;
      print_string (str) ;
       return (0) ;
}
```

源文件 File2.c 内容如下：

```
#include <stdio.h>
void enter_string (char str[80])
{
    printf ("enter string=\r\n") ;
    scanf ("%s",str) ;
}
```

源文件 File3.c 内容如下：

```
void delete_string (char str[],char ch)
{
    int i,j;
    for (i=j=0;str[i]!='\0';i++)
       if (str[i]!=ch)
            str[j++]=str[i];
    str[j]='\0';
}
```

源文件 File4.c 内容如下：

```
void print_string (char str[])
{
    printf ("%s",str) ;
}
```

运行情况如下：

```
  fhgjkdst✓
d✓
  fhgjkst
```

8.8.3 多个源程序文件的编译和连接

将多个源程序文件进行编译和连接的一般过程为：

（1）编辑各源文件；

（2）创建 Project（项目）文件；

（3）设置项目名称；

（4）编译、连接，运行，查看结果。

用例 8-17 来给大家进行讲解。

（1）编辑各源文件；已编好 file1.c、file2.c、file3.c 和 file4.c。

（2）创建 Project（项目）文件;用编辑源文件相同的方法，创建一个扩展名为.PRJ 的项目文件：该文件中仅包括将被编译、连接的各源文件名，一行一个，其扩展名.C 可以缺省；文件名的顺序，仅影响编译的顺序，与运行无关。

注意：如果有某个（些）源文件不在当前目录下，则应在文件名前冠以路径。

建立一个工程文件（扩展名为 prj），文件内容如下：

```
file1.c
file2.c
file3.c
file4.c
```

（3）设置项目名称；打开菜单，选取 Project / Project name，输入项目文件名即可。我们设此工程文件名为 test.prj。

（4）编译、连接，运行，查看结果；与单个源文件相同。编译产生的目标文件，以及连接产生的可执行文件，它们的主文件名，均与项目文件的主文件名相同。

注意：当前项目文件调试完毕后,应选取 Project / Clear project,将其项目名称从"Project name"中清除（清除后为空）。否则，编译、连接和运行的，始终是该项目文件。

（5）关于错误跟踪

缺省时，仅跟踪当前一个源程序文件。如果希望自动跟踪项目中的所有源文件，则应将 Options / Environment / Message Tracking 开关置为"All files "：连续按回车键，直至"All files"出现为止。此时，滚动消息窗口中的错误信息时，系统会自动加载相应的源文件到编辑窗口中。也可关闭跟踪（将"Message Tracking"置为"Off"）。此时，只要定位于感兴趣的错误信息上，然后回车，系统也会自动将相应源文件加载到编辑窗口中。

【本章小结】

本章内容较多，需要理解并掌握。创建一个函数，必须指定函数头作为函数定义的第一行，函数头后面是函数体，全部执行代码都在函数体内，函数体被括号括起来。函数参数在函数头中定义，函数参数是一列变量名称和它们的类型，参数之间以逗号分隔。定义函数时函数后面的括号里的变量名称是"形式参数"，主程序在调用函数时，函数名后面括号中的表达式称为"实际参数"。一般情况下，我们希望通过函数调用使主函数能够得到一个确定的值，这个值就是函数返回值。main 函数是 C 语言中最重要的函数，它是 C 程序的入口，每个 C 程序都必须包含 main 函数。

【练习与实训】

一、选择题

1. 以下说法中正确的是 (   )。
    A．C 语言程序总是从第一个函数开始执行
    B．在 C 语言程序中，要调用的函数必须在 main () 函数中定义
    C．C 语言程序总是从 main () 函数开始执行
    D．C 语言程序中的 main () 函数必须放在程序的开始部分

2. 下列叙述中正确的是 (   )。
    A．函数定义不能嵌套，但函数调用可以嵌套
    B．函数定义可以嵌套，但函数调用不可以嵌套
    C．函数定义和函数调用都不能嵌套
    D．函数定义与函数调用都可以嵌套

3. 以下是一个自定义函数的头部，其中正确的是 (   )。
    A．int fun（int a[ ],b)   B．int fun（int a[ ],int n)
    C．int fun（int a[ ],int a)   D．int fun（char a[ ][ ],int b)

4. 下面不正确的描述为 (   )。
    A．调用函数时，形参可以是表达式
    B．调用函数时，实参与形参可以共用内存单元
    C．调用函数时，将为形参分配内存单元
    D．调用函数时，实参与形参的类型必须一致

5. 有如下函数调用语句

```
func (rec1, rec2+rec3, (rec4, rec5)) ;
```

该函数调用语句中，含有的实参个数是 (   )
    A．3   B．4   C．5   D．有语法错

6. 当调用函数时，实参是一个数组名，则向函数传送的是 (   )
    A．数组的长度   B．数组的首地址
    C．数组每一个元素的地址   D．数组每个元素中的值

7. 以下叙述中不正确的是 (   )
    A．建立函数的目的之一，是为了提高程序的效率
    B．建立函数的目的之一，是为了提高程序的可读性
    C．建立函数的目的之一，是为了提高程序员的生产效率
    D．函数的递归调用不能提高程序的执行效率

8. C 语言程序中，当调用函数时，(   )
    A．实参和形参各占一个独立的存储单元
    B．实参和形参可以共用存储单元

C．可以由用户指定是否共用存储单元

D．由计算机系统自动确定是否共用存储单元

9．下列叙述正确的是（　　）

A．C 语言编译时不检查语法　　B、C 语言的子程序有过程和函数两种

C．C 语言的函数可以嵌套定义　D、C 语言所有函数都是外部函数

10．以下对 C 语言有关函数的描述中，正确的是（　　）

A．在 C 语言中调用函数时，只能把实参的值传给形参，形参的值不能传给实参

B．C 语言函数既可以嵌套定义，又可以递归调用

C．C 语言函数必须有返回值，否则不能使用函数

D．C 程序中有调用关系的所有函数必须放在同一个源程序文件中

11．有如下程序

```
int runc (int a, int b)
{ return (a+b) ; }

void main ( )
{ int x=2, y=5, z=8, r;
r=func (func (x, y) , z) ;
printf ("%d\n", r) ;
}
```

该程序的输出的结果是（　　）

A．12　　　B．13　　　C．14　　　D．15

12．有如下程序

```
long fib (int n)
{ if (n>2)    return (fib (n-1) +fib (n-2) ) ;
  else   return (2) ;
}

void main ( )
{printf ("%d\n", fib (3) ) ;
```

该程序的输出结果是（　　）

A．2　　　B．4　　　C．6　　　D．8

13．以下程序的输出结果是（　　）

```
long fun ( int n)
{ long s;
  if (n= =1 || n= =2)   s=2;
  else s=n-fun (n-1) ;
  return s; }

void main ( )
{ printf ("%ld\n", fun (3) ) ; }
```

A．1　　　B．2　　　C．3　　　D．4

14. 以下程序的输出结果是 （   ）

```
f (int b[ ], int m, int n)
{int i, s=0;
for (i=m; i<n; i=i+2)    s=s+b[i];
return s; }

void main ( )
{int x, a[ ]={1, 2, 3, 4, 5, 6, 7, 8, 9};
x=f (a, 3, 7);
printf ("%d\n", x); }
```

A. 10   B. 18   C. 8   D. 15

二、阅读程序，写出执行结果

1. void main （ ）

```
    {
int n;
long t,f () ;
    scanf ("%d",&a) ;
    t=f (n) ;
    printf ("%d!=%ld",n,t) ;
}

   long f (int num)
    { long x=1;   int i;
    for (i=0;i<=2;i++)
          x*=i;
    return x;
    }
```

若输入的值分别是 5，6，程序的运行结果是：

2. void main （ ）

```
    {
int i,p,sum,s (int p) ;
for (i=0;i<=2;i++)
{ scanf ("%d",&p) ;
sum=s (p) ;
printf ("sum=%d\n",sum) ;
}
}

int s  (int p)
{ int sum=10;
sum=sum+p;
```

```
return (sum) ;
}
```

若输入的值分别是 1，3，5，程序的运行结果是：

3．int f（int x）

```
    {int y; y=x*x; return y;}
  void main ( )
    {
int a=2,b;
      b=f (a) ;
printf ("b=%d",b) ;
  }
```

程序的运行结果是：

三、编程题

1．采用函数的调用，编写程序求三个数中的最大数。

2．写两个函数，分别求两个整数的最大公约数和最小公倍数，用主函数调用这两个函数，并输出结果，两个整数由键盘输入。

3．写一个函数，将两个字符串连接，用主函数调用这个函数，并输出结果。

4．写一个函数，输入一个十六进制数，输出相应的十进制数。

第9章 预处理命令

所谓编译预处理是指，在对源程序进行编译之前，先对源程序中的编译预处理命令进行处理；然后再将处理的结果，和源程序一起进行编译，以得到目标代码。

9.1 宏定义

在C语言中，"宏"分为无参数的宏（简称无参宏）和有参数的宏（简称有参宏）两种。

9.1.1 无参宏定义

1. 无参宏定义的一般格式

```
#define    标识符    字符串
```

其中："define"为宏定义命令；"标识符"为所定义的宏名，通常用大写字母表示，以便于与变量区别；"字符串"可以是常数、表达式、格式串等。

2. 使用宏定义的优点

（1）可提高源程序的可维护性
（2）可提高源程序的可移植性
（3）减少源程序中重复书写字符串的工作量

例 9.1 输入圆的半径，求圆的周长、面积和球的体积。要求使用无参宏定义圆周率。

```
#define PI 3.1415926  /*PI 是宏名，3.1415926 用来替换宏名的常数*/
int main( )
  {
float radius,length,area,volume;
    printf("Input a radius: ");
    scanf("%f",&radius);
    length=2*PI*radius;               /*引用无参宏求周长*/
    area=PI*radius*radius;            /*引用无参宏求面积*/
    volume=PI*radius*radius*radius* 4 / 3; /*引用无参宏求体积*/
    printf("length=%.2f,area=%.2f,volume=%.2f\n", length, area, volume);
return 0;
  }
```

3. 说明

（1）宏名一般用大写字母表示，以示与变量区别。但这并非是规定。
（2）宏定义不是C语句，所以不能在行尾加分号。否则，宏展开时，会将分号作为字符串的 1 个字符，用于替换宏名。

（3）在宏展开时，预处理程序仅以按宏定义简单替换宏名，而不作任何检查。如果有错误，只能由编译程序在编译宏展开后的源程序时发现。

（4）宏定义命令#define 出现在函数的外部，宏名的有效范围是：从定义命令之后，到本文件结束。通常，宏定义命令放在文件开头处。

（5）在进行宏定义时，可以引用已定义的宏名 。

（6）对双引号括起来的字符串内的字符，即使与宏名同名，也不进行宏展开。

9.1.2 有参宏定义

1．带参宏定义的一般格式

```
#define  宏名(形参表)   字符串
```

2．带参宏的调用和宏展开

（1）调用格式：宏名(实参表)

（2）宏展开：用宏调用提供的实参字符串，直接置换宏定义命令行中、相应形参字符串，非形参字符保持不变。

例9.2 有参宏义的使用

```c
#define PI 3.1415926       /*PI 是宏名，3.1415926 用来替换宏名的常数*/
#define  S(r)  PI*r*r       /*S 是宏名，r 是参数*/
int main( )
  {
float radius, area;
    printf("Input a radius: ");
    scanf("%f",&radius);
    area=S(radius);          /*引用有参宏求面积*/
    printf("area=%.2f\n", area);
return 0;
  }
```

3．说明

（1）定义有参宏时，宏名与左圆括号之间不能留有空格。否则，C 编译系统将空格以后的所有字符均作为替代字符串，而将该宏视为无参宏。

（2）有参宏的展开，只是将实参作为字符串，简单地置换形参字符串，而不做任何语法检查。在定义有参宏时，在所有形参外和整个字符串外，均加一对圆括号。

（3）虽然有参宏与有参函数确实有相似之处，但不同之处更多，主要有以下几个方面：

① 调用有参函数时，是先求出实参的值，然后再复制一份给形参。而展开有参宏时，只是将实参简单地置换形参。

② 在有参函数中，形参是有类型的，所以要求实参的类型与其一致；而在有参宏中，形参是没有类型信息的，因此用于置换的实参，什么类型都可以。有时，可利用有参宏的

这一特性，实现通用函数功能。

③ 使用有参函数，无论调用多少次，都不会使目标程序变长，但每次调用都要占用系统时间进行调用现场保护和现场恢复；而使用有参宏，由于宏展开是在编译时进行的，所以不占运行时间，但是每引用 1 次，都会使目标程序增大 1 次。

9.2　文件包含

文件包含是指一个源文件可以将另一个源文件的全部内容包含进来。

文件包含处理命令的格式

```
#include "包含文件名"  或 #include <包含文件名>
```

两种格式的区别仅在于：

（1）使用双引号：系统首先到当前目录下查找被包含文件，如果没找到，再到系统指定的"包含文件目录"（由用户在配置环境时设置）去查找。

（2）使用尖括号：直接到系统指定的"包含文件目录"去查找。一般的说，使用双引号比较保险。

文件包含是有用的，一个大程序，通常分为多个模块，并由多个程序员分别编程。有了文件包含处理功能，就可以将多个模块共用的数据（如符号常量和数据结构）或函数，集中到一个单独的文件中。这样，凡是要使用其中数据或调用其中函数的程序员，只要使用文件包含处理功能，将所需文件包含进来即可，不必再重复定义它们，从而减少重复劳动。

说明：

（1）编译预处理时，预处理程序将查找指定的被包含文件，并将其复制到#include 命令出现的位置上。

（2）常用在文件头部的被包含文件，称为"标题文件"或"头部文件"，常以"h"（head）作为后缀，简称头文件。在头文件中，除可包含宏定义外，还可包含外部变量定义、结构类型定义等。

（3）一条包含命令，只能指定一个被包含文件。如果要包含 n 个文件，则要用 n 条包含命令。

（4）文件包含可以嵌套，即被包含文件中又包含另一个文件。

9.3　条件编译

条件编译可有效地提高程序的可移植性，并广泛地应用在商业软件中，为一个程序提供各种不同的版本。

9.3.1　#ifdef～#endif 和#ifndef～#endif 命令

1．一般格式

```
#ifdef  标识符
        程序段1；
   [#else
```

```
                程序段 2；]
        #endif
```

2. 功能：当"标识符"已经被#define 命令定义过，则编译程序段 1，否则编译程序段 2。

（1）在不同的系统中，一个 int 型数据占用的内存字节数可能是不同的。

（2）利用条件编译，还可使同一源程序即适合于调试（进行程序跟踪、打印较多的状态或错误信息），又适合高效执行要求。

3. 关于#ifndef～#endif 命令

格式与#ifdef～#endif 命令一样，功能正好与之相反。

9.3.2 #if～#endif

1. 一般格式

```
#if    常量表达式
            程序段 1；
    [#else
            程序段 2；]
    #endif
```

2. 功能：当表达式为非 0（"逻辑真"）时，编译程序段 1，否则编译程序段 2。

例 9.3 输入一个口令，根据需要设置条件编译，使之能将口令原码输出，或仅输出若干星号"*"。

```
#define    PASSWORD    0      /*预置为输出星号*/
int main()
  { ……
    /*条件编译*/
    #if    PASSWORD        /*源码输出*/
      ……
    #else                  /*输出星号*/
      ……
    #endif
    ……
  }
```

【本章小结】

C 语言的编译链接过程要把我们编写的一个 c 程序（源代码）转换成可以在硬件上运行的程序（可执行代码），需要进行编译和链接。编译就是把文本形式源代码翻译为机器语言形式的目标文件的过程。链接是把目标文件、操作系统的启动代码和用到的库文件进行组织形成最终生成可执行代码的过程。总结起来编译过程就：预编译、编译、汇编、链接。了解这四个过程中所做的工作，对我们理解头文件、库等的工作过程是有帮助的，而

且清 楚的了解编译链接过程还对我们在编程时定位错误，以及编程时尽量调动编译器的检测错误会有很大的帮助的。条件编译允许只编译源程序中满足条件的程序段，使生成的目标程序较短，从而减少了内存的开销并提高了程序的效率。使用预处理功能便于程序的修改、阅读、移植和调试，也便于实现模块化程序设计。

【练习与实训】

一、填空题

1. 请使用#define 指令来定义浮点常量 PI_____。
2. 请使用#define 指令来定义字符常量 ERR(="Error\a")_____。
3. 请使用#define 指令来宏 bell(),使喇叭发声_____。

二、选择题

1. 预处理指令的条件编译是用来（   ）。
   A. 编译没有错误的程序   B. 减少程序的编译
   C. 有条件地编译程序某一部份   D. 以上都不对
2. 预指令#ifdef DEBUG 在（   ）的情况下，它后面的程序交由编译器来编译。
   A. DEBUG 为 1   B. DEBUG 不为 0
   C. DEBUG 是一个整数   D. DEBUG 被#define 定义过

三、实训题

设计一个程序，由用户输入两个时间（时：分：秒），并计算出两个时间的差（程序中建立一个宏，将时间转为秒）

```
#define HMSTOSEC(hrs,mins,secs)(hrs*3600+mins*60+secs)
Main()
{
float secs1,secs2;
float hours,minuts,seconds;
printf("Type first time(form 24:60:60): ");
scanf("%f:%f:%f"&hours,&minutes,&seconds);
secs1=HMSTOSEC(hours,miutes,seconds);
printf("Type second time: ");
scanf("%f:%f:%f"&hours,&minutes,&seconds);
secs2=HMSTOSEC(hours,miutes,seconds);
printf("Difference is %.2f seconds. ",secs2-secs1);
}
```

第10章 指 针

本章介绍指针的概念，结合数组介绍指针的基本用法，并且深入介绍指针的应用。

指针是 C 语言中的一个重要的概念，也是 C 语言的一个重要特色。正确而灵活地运用它，可以有效地表示复杂的数据结构；能动态分配内存；能方便地使用字符串；有效而方便地使用数组。掌握指针的应用，可以使程序简洁、紧凑、高效。每一个学习和使用 C 语言的人，都应当深入地学习和掌握指针。

10.1 地址和指针的概念

我们知道变量在计算机内是占有一块存储区域的，变量的值就存放在这块区域之中，在计算机内部，通过访问或修改这块区域的内容来访问或修改相应的变量。C 语言中，对于变量的访问形式之一，就是先求出变量的地址，然后再通过地址对它进行访问，这就是这里所要论述的指针及其指针变量。

下面给出指针和地址的概念。

1. 地址的概念

计算机内部存储区域是由一个个基本单元组成的，每个单元就是一个字节，每个字节都有一个地址。计算机最终就是通过地址来访问每一个字节的。通过每一个字节的地址可以找到每一个字节，所以常常说字节的地址指向这个字节。

2. 指针的概念

指针是变量的地址。所以我们可以理解为指针是变量的指针，就是变量的地址。这和每一个字节都有一个固定的地址不一样，指针的概念是跟变量联系的。变量所占的存储区域是由计算机分配的，变量可能占据的字节数可能是 1 个字节，也可能是两个或更多字节。

程序设计中常常用到变量，而变量在程序运行过程中要在内存单元开辟一段存储单元，这段存储单元可以通过变量直接引用。存储单元的大小可能是一个字节，也可能是两个字节或者更多，这要看变量的类型和所使用的编译系统。比如在 Turbo C 中，字符型占一个字节，基本整型占 2 个字节，则一个字符型变量占一个字节，一个基本整型变量占两个字节。

C 语言中，访问变量也是通过变量的指针（或者说变量的地址）进行的，所以常常说变量的指针指向这个变量。

10.2 变量的指针和指向变量的指针变量

变量的指针就是指变量的地址，这个地址指向的不一定是某一个字节，而是变量所占用的一段存储单元。由于有的变量占一个字节，有的变量占两个字节，有些变量的指针指向一个字节的存储单元，有些指向两个字节的存储单元，所以变量的指针根据变量的类型不同而不同。

需要注意的是，寄存器类型的变量没有地址。所以我们讨论指针的时候，讨论的是内存变量。变量的指针从地址大小来看就是这个变量所占的存储单元的第一个字节的地址。通过指针可以间接的引用所指向的变量。

总之，变量的指针就是变量的地址。我们在很多资料上见到的都是变量的指针。

指针变量是指针类型的变量。指针变量用来存放指针，就是存放变量的地址。例如，如果地址 2000 上这个变量的内容的值是一个地址，这个地址的值是 2004，那么地址 2000 上这个变量是指针类型的变量。如果地址 2004 上存在一个变量，这时候，地址 2000 上这个指针变量的值是地址 2004 上这个变量的地址，我们说地址 2000 上这个变量指向在地址 2004 的那个变量。图 10.1 说明了这一点。

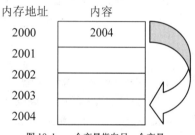

图 10.1　一个变量指向另一个变量

由于变量的类型不同，变量的指针所指向的存储单元字节数也不同，也就是说同是指针，而指针和指针的类型也有不同。指针又分为指向整型变量的指针，指向实型变量的指针等等。指针变量也就有了不同类型，就是说有指向整型变量的指针型的变量，指向实型变量的指针型的变量等等。我们把指针的不同类型称为指针的基类型。

指针变量是一个变量，就必须先定义后使用。下面我们来看变量的定义和使用。

1．定义一个指针变量

在 C 程序中，存放地址的指针变量需专门定义；

```
int *ptr1;
float *ptr2;
char *ptr3;
```

表示定义了三个指针变量 ptr1、ptr2、ptr3。ptr1 可以指向一个整型变量，ptr2 可以指向一个实型变量，ptr3 可以指向一个字符型变量，换句话说，ptr1、ptr2、ptr3 可以分别存放整型变量的地址、实型变量的地址、字符型变量的地址。

定义了指针变量，我们才可以写入指向某种数据类型的变量的地址，或者说是为指针变量赋初值：

```
int *ptr1,m= 3;
float *ptr2, f=4.5;
```

```
char *ptr3, ch='a';
ptr1=&m ;
ptr2=&f ;
ptr3=&ch ;
```

上述赋值语句 ptr1=&m 表示将变量 m 的地址赋给指针变量 ptr1，此时 ptr1 就指向 m。三条赋值语句产生的效果是 ptr1 指向 m；ptr2 指向 f；ptr3 指向 ch。用示意图 10.2 描述如下：

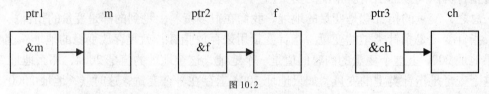

图 10.2

需要说明的是，指针变量可以指向任何类型的变量，当定义指针变量时，指针变量的值是随机的，不能确定它具体的指向，必须为其赋值，才有意义。

下面给出指针变量的定义形式：

基类型*指针变量名；

① 变量名的起名规则。

② *代表定义的是指针型。指明该变量是存放指针的。

③ 基类型指明该变量中存放的指针可以指向的变量的类型。

④ 分号不代表语句，只是定义。这一点和变量的定义一样。

下面讨论指针变量的数据存储：

指针变量用来存放指针。变量才有指针（寄存器类型的变量没有指针），所以指针变量就是用来存放变量的指针的。

和其他类型的变量一样，制定指针的类型，计算机就在内存空间中开辟一定大小的存储单元。指针类型的变量所占存储单元的大小也是根据不同的编译系统而不同，在 TC2.0 系统中所有的指针变量占用两个字节。

2. 指针变量引用

有两种专门的指针运算符：*和&。运算符&是一目运算符，它仅仅返回这个操作的内存地址（一目运算符仅需要一个操作数）。例如：

```
m=&count;
```

表示将变量 count 的地址赋给 m。这个地址是这个变量在计算机内部的地址。它没有对变量 count 的值作任何的改变。&操作也可以认为返回变量地址。因此，上面这条语句表示：m 接受了 count 的地址。

为了进行一步理解上面这条语句，我们假设变量 conunt 在内存的位置是 2000，而它的值是 100，那么，执行这条语句后，m 的值是 2000。

第二种运算符*与&相反。这种一目运算符返回在这个地址中变量的值。例如，若 m 包含了变量 count 的内存地址，则，

```
q=*m;
```

表示将 count 的值赋给 q。在这个例子中，q 的值是 100，因为在地址 2000 中的值是 100，这个地址恰好是 m 中所存地址。运算符*可以理解为：q 接受了在地址 m 中的值。

利用指针变量，是提供对变量的一种间接访问形式。对指针变量的引用形式为：*指针变量

其含义是指针变量所指向的值。

例 10.1　用指针变量进行输入、输出。

```
int main()
{
int *p,m;
scanf ("%d",&m);
p=&m;                    /*指针 p 指向变量 m*/
printf("%d",*p);        /*p 是对指针所指的变量的引用形式，与此 m 意义相同*/
}
```

上述程序可修改为：

```
int main()
{
int *p,m;
p=&m;
scanf ("%d",p) ;        /*p 是变量 m 的地址，可以替换&m*/
printf("%d", m);
}
```

两个程序运行效果完全相同。请思考一下若将程序修改为如下形式：

```
int main()
{
int *p,m;
scanf ("%d",p);
p=&m;
printf("%d", m);
}
```

会产生什么样的结果呢？

事实上，若定义了变量以及指向该变量的指针为：

```
int a,*p;
```

若 p=&a；则称 p 指向变量 a，或者说 p 具有变量 a 的地址。在以后的程序处理中，凡是可以写&a 的地方，就可以替换成指针的表示 p，a 就可以替换成为*p。

指针是非常重要的一个概念，是 C 语言最具特色的一个内容。正确灵活的运用指针，可以描述复杂的数据结构，可以方便地操作字符串和数组，能自由的在函数间传递数据，能使得程序运行效率极大提高。因此学习指针是非常重要和必要的。

指针变量本身是变量，而又要存放变量的地址。指针的概念本身是嵌套的，因此，理解起来较为复杂。学习指针变量应该多花时间分析存储单元的分配，结合画分配图来理解，多做一些练习。

10.3　数组与指针

数组与指针有密切的联系。数组名本身就是该数组的指针，反过来，也可以把指针看成一个数组，数组名和指针实质上都是地址，但是指针是变量，可以作运算。而数组名是常量，不能进行运算。

例 10.2

```
int main()
{
    char s[30], *p;    /*定义字符型数组和指针变量*/
    p=s;               /*指针 p 指向数组 s 的第一个元素 s[0]的地址*/
    .
    *(p+8);            /*指针 p 指向数组 s 的第 9 个元素 s[8]的地址*/
    .
}
```

由上例可以看出数组和指针有如下关系：

```
(p+i)=&(s[i])
*(p+i)=s[i]
```

因此，利用上述表达式可以对数组和指针进行互换。两者的区别仅在于：数组 s 是程序自动为它分配了所需的存储空间；而指针 p 则是利用动态函数为它分配存储空间或赋给它一个已分配的空间地址。

1．一维数组的指针与指向一维数组的指针变量

我们定义一个整型数组和一个指向整型变量的指针变量：int a[10],*p;

和前面介绍过的方法相同，可以使整型指针 p 指向数组中任何一个元素，假定给出赋值运算 p=&a[0];

此时，p 指向数组中的第 0 号元素，即 a[0]，指针变量 p 中包含了数组元素 a[0] 的地址，由于数组元素在内存中是连续存放的，因此，我们就可以通过指针变量 p 及其有关运算间接访问数组中的任何一个元素。

C 语言中，数组名是数组的第 0 号元素的地址，因此下面两个语句等价：

```
p=&a[0];
p=a;
```

根据地址运算规则，a+1 为 a[1]的地址，a+i 就为 a[i]的地址。

下面我们用指针给出数组元素的地址和内容的几种表示形式。

- p+i 和 a+i 均表示 a[i]的地址，或者讲，它们均指向数组第 i 号元素，即指向 a[i]。
- (2) *(p+i)和*(a+i)都表示 p+i 和 a+i 所指对象的内容，即为 a[i]。
- 指向数组元素的指针，也可以表示成数组的形式，也就是说，它允许指针变量带下标，如 p[i]与*(p+i)等价。假若：p=a+5；则 p[2]就相当于*(p+2)，由于 p 指向 a[5]，

所以 p[2]就相当于 a[7]。而 p[-3]就相当于*(p-3)，它表示 a[2]。

（1）一维数组的指针：即数组中第一个元素的地址；

1）数组指针的表示方法：①用数组名表示；②用指向一维数组（元素）的指针变量表示；

2）数组元素的表示方法：①下标法；②地址(指针)法；③用指向一维数组(元素)的指针变量表示；

设有：int a[]={10},*p=a;

则：a[i]=p[i]

(a+i)=*(p+i)

● 指向数组的列指针变量可以带下标

（2）指向一维数组的指针变量：

1）定义：定义方法与指向变量的指针变量的方法相同；

2）初始化：

① 可以将数组名（或数组元素的地址）赋值给指向一维数组的指针变量；

② 可以用字符指针变量指向一个数组（或字符串)，将该串的首地址赋给指针变量；

③ 也可以不定义字符型数组，直接用一个字符指针变量指向一个字符串常量；

④ 对于字符型指针对变量可在定义时初始化，也可先定义再用一个字符串常量初始化之；但字符数

组则不行；因非形式参数定义的数组名是一个常量，不能更改其值；

3）引用：通过相关的操作来体现。如：输入、输出、赋值、访问指针变量指向的变量（或元素）；

例 10.3

```
main(){
int a[5]={10,20,30,40,32},*p=a,i=0;
for(;i<5;i++) printf("%d\t",a[i]);
printf("\n");                           /*下标方式输出元素值*/
for(i=0;i<5;i++) printf("%d\t",*(a+i));
printf("\n");                           /*地址方式输出元素值*/
for(p=a;p<a+5;p++) printf("%d\t",*p);   /*指针变量方式输出元素值*/
printf("\n");
for(p=a,i=0;i<5;i++) printf("%d\t",p[i]); /*指针变量下标输出元素*/
printf("\n");
}
```

例 10.4

```
main(){char a[]="Chian",*s="Japan",*p,*q;
p=a;
q="American";
printf("a=%s s=%s p=a=%s q=%s",a,s,p,q);
}
```

指向数组元素的指针变量首先是一个变量。该变量中存放的数据是数组元素的地址。

一个数组包含若干元素，每个元素相当于一个变量。而变量有地址就是指针，数组元素也占用一段存储单元，也有指针。&a[0]

可以定义一个指针变量，用来存放变量的指针。也可以定义一个指针变量，用来存放数组元素的指针。Int * pointer1; pointer1=&a[0];

(3) 数组名和变址运算符

1) 数组名。

一个数组包含多个数组元素，定义一个数组后，可以引用数组元素。而数组名不能被赋值。这是为什么呢？其实，C 语言中将数组名处理为表达式&a[0]，也就是说，数组名就是第一个数组元素的地址。这一点，使用数组时，尤其用到指针时要牢记。

2) 变址运算符[]。

① 取址运算符&：单目，运算对象是变量，运算结果是指针，基类型同运算对象的类型。指针可以加一个整数也可以减一个整数。

② 指针运算符*：单目，运算对象可以使变量也可以是常量，但必须是指针，运算结果是所指向的变量，因此运算结果可以被赋值等等操作。

③ 变址运算符[]：优先级别同 ()，最高。

一个数组包含多个数组元素，定义一个数组后，可以引用数组元素。Int a[10];a[0]=1;

a[0]是一个数组元素，就是一个变量。C 语言中真正的处理方式是：这是一个表达式，变址运算符[]构成的变址运算表达式。

运算过程是：转换为指针运算表达式*(a+0)；

2. 二维数组的指针与指向二维数组的指针变量

(1) 二维数组的指针。包括：行指针（每一行的首地址）和列指针（每一列的地址：即数组元素的地址）。

1) 二维数组数组指针的表示方法：

① 行地址的表示(形式)：用数组名表示或行指针变量表示；如：int a[3][4]; a a+i;

② 列地址的表示(形式)：用一维数组元素的形式；或用指向二维数组的行指针变量表示；如：

● 行地址向列地址的转化：a==》*a a+i==》* (a+i) =a[i]

2) 数组元素的表示方法：①用下标法；②用地址法；③用指向二维数组的行列指针变量表示；

(2) 指向二维数组的指针变量：行指针变量和列指针变量；

1) 定义：

① 列指针变量(即指向数组元素的变量)的定义：与指向变量的指针变量的方法相同；int *p

② 行指针变量(即指向二维数组的行的指针变量)的定义：基本类型 (*指针变量名)[行的长度]

例：int (*p)[n] 表示定义了指向每行有 n 个元素的二维数组的行（一维数组）的指针变量

2）初始化：设 int a[3][5]={…},*p,(*q)[5];

① 将数组名（行地址）赋值给指向二维数组的行指针变量；如：q=a;

② 将数组的列地址赋值给指向二维数组的列（一重）指针变量；如：p=*a; p=a[1];

③ 不能将行地址直接赋值给指向二维数组的一重指针变量；可以： p=(int *)a;

3）引用：通过相关的操作来体现。如：输入、输出、赋值、访问指针变量指向的变量（或元素）；

例 10.5 二维数组元素的输出。

```
main(){
int a[3][4]={10,20,30,40,11,21,31,41,43,53,63,73},*p,(*q)[4],*s,i,j;
for(i=0;i<3;i++)              /*用下标法输出二维数组的元素*/
for(j=0;j<4;j++) printf("%d ",a[i][j]);
printf("\n");
for(p=*a,i=0;i<12;i++) printf("%d ",*(p+i));
printf("\n");
for(p=*a,i=0;i<12;i++) printf("%d ",p[i]);
printf("\n");
for(p=*a,i=0;i<12;i++,p++) printf("%d ",*p);
printf("\n");
for(p=*a,i=0;i<3;i++)         /*用指向二维数组的列（元素）的指针变量输出元素*/
for(j=0;j<4;j++) printf("%d ",*(p+i*4+j));
printf("\n");
for(q=a,i=0;i<3;i++)          /*用指向二维数组的行的指针变量输出元素*/
for(j=0;j<4;j++) printf("%d ",*(*(q+i)+j));
printf("\n");
for(s=(int *)a,i=0;i<12;i++) printf("%d ",*(s+i));
printf("\n");
}
```

10.4 字符串与指针

我们已经知道，字符串常量是由双引号括起来的字符序列，例如："a string"就是一个字符串常量，该字符串中因为字符 a 后面还有一个空格字符，所以它由 8 个字符序列组成。在程序中如出现字符串常量 C 编译程序就给字符串常量安排一存储区域，这个区域是静态的，在整个程序运行的过程中始终占用，平时所讲的字符串常量的长度是指该字符串的字符个数，但在安排存储区域时，C 编译程序还自动给该字符串序列的末尾加上一个空字符'\0'，用来标志字符串的结束，因此一个字符串常量所占的存储区域的字节数总比它的字符个数多一个字节。

C 语言中操作一个字符串常量的方法有如下两种。

（1）把字符串常量存放在一个字符数组之中，例如：char s[]="a string";数组 s 共有 9 个元素所组成，其中 s[8]中的内容是'\0'。实际上，在字符数组定义的过程中，编译程序直接把字符串复写到数组中，即对数组 s 初始化。

（2）用字符指针指向字符串，然后通过字符指针来访问字符串存储区域。当字符串常量在表达式中出现时，根据数组的类型转换规则，它被转换成字符指针。因此，若我们定义了一字符指针 cp：

```
char *cp;
```

于是可用：

```
cp="a string";
```

使 cp 指向字符串常量中的第 0 号字符 a，如图 5.7 所示。

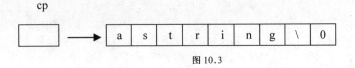

cp

| | a | s | t | r | i | n | g | \ | 0 |

图 10.3

以后我们可通过 cp 来访问这一存储区域，如*cp 或 cp[0]就是字符 a，而 cp[i]或*(cp+i)就相当于字符串的第 i 号字符，但企图通过指针来修改字符串常量的行为是没有意义的。

10.5 指向函数的指针

1. 函数的指针：即函数的入口地址（在编译时分配），函数名本身也表示函数的入口地址。

2. 指向函数的指针变量：存放函数的入口地址的变量。

（1）定义(格式)：基本类型 （*变量名）() 例：int (*p)()

（2）初始化：只需将函数的名称赋给函数指针变量即可，不必给出函数的参数。

（3）引用：用指针对变量调用函数时，只需将(*变量名)代替被调用的函数即可。

（4）用指向函数的指针变量作为函数参数。例：sub(int (*x)(),int (*y)()){--------}。

10.6 返回指针值的函数

返回指针值的函数是函数，只是该函数的类型为指针型。所以，返回指针类型的值的函数也称为指针函数：：

1. 定义(格式)：基本类型 *函数名( ) 例：int *sum( )

2. 调用：通过函数名调用；通过函数指针变量调用；

说明：

① 指针函数若调用在前,定义在后,在调用之前须先声明；要么先定义后调用。

② 函数指针只能赋以相应的函数名称（函数地址），不赋予其他指针；

例 10.6 返回指针的函数。

```
#define PN printf("\n");
char *scat(char *a,char *b){
```

```
char *p=a;
for(;*p;p++);
for(;(*p=*b)!='\0';p++,b++);  /**实现连接/
return(a);
}
char *scpy(char *a,char *b){
char *p=a;
for(;(*p=*b)!='\0';p++,b++);
return(a);
}
main(){
char a[]="China",b[]="Japan";
printf("%s",scpy(a,b));
PN
printf("%s",scat(a,b));
PN
}
```

程序 2:

```
char *scat(char *s1,char *s2){
int a=strlen(s1);
int b=strlen(s2);
int k=0;
for(k=0;k<b;k++) s1[a+k]=s2[k];
s1[a+b]='\0';
return(s1);
}
```

例 10.7 函数指针变量的应用。

```
int max(int a,int b){
return(a>b?a:b);
}
int min(int a,int b){
return(a<b?a:b);
}
int add(int a,int b){
return(a+b);
}
process(int i,int x,int y,int (*fun)()){
if (i==1) printf("The Max=%d\n",(*fun)(x,y));
if (i==2) printf("The Min=%d\n",(*fun)(x,y));
if (i==3) printf("The Add=%d\n",(*fun)(x,y));
}
main(){int (*p)(),a=10,b=20;
p=max;
printf("Max=%d\n",(*p)(a,b));
p=min;
```

```
printf("Min=%d\n",(*p)(a,b));
p=add;
printf("Add=%d\n",(*p)(a,b));
process(1,a,b,max);
process(2,a,b,min);
process(3,a,b,add);
}
```

例 10.8 函数指针变量的引用、应用实例。

```
int add(int x, int y) {
return(x+y);
}
int max(int x, int y) {
return(x>y?x:y);
}
int min(int x, int y) {
return(x>y?y:x);
}
main(){
int (*p)();
int a=10,b=20, x=0;
p=add;
printf("add(%d,%d)=%d\n",a,b,(*p)(a,b));
p=max;
printf("max(%d,%d)=%d\n",a,b,(*p)(a,b));
}
```

给出上述程序的运行结果。

【程序分析】函数指针变量被多次赋值[不同的函数名称]，从而实现不同函数的引用。函数指针变量的

基本类型要和所引用的函数的类型相同；

10.7 指针数组和指向指针的指针

一、指针数组

因为指针是变量，因此可设想用指向同一数据类型的指针来构成一个数组，这就是指针数组。数组中的每个元素都是指针变量，根据数组的定义，指针数组中每个元素都为指向同一数据类型的指针。指针数组的定义格式为：

　　类型标识 *数组名[整型常量表达式];
例如：

　　int *a[10];

定义了一个指针数组，数组中的每个元素都是指向整型量的指针，该数组由 10 个元素

组成，即 a[0]，a[1]，a[2]，...，a[9]，它们均为指针变量。a 为该指针数组名，和数组一样，a 是常量，不能对它进行增量运算。a 为指针数组元素 a[0]的地址，a+i 为 a[i]的地址，*a 就是 a[0]，*(a+i)就是 a[i]。

为什么要定义和使用指针数组呢?主要是由于指针数组对处理字符串提供了更大的方便和灵活，使用二维数组对处理长度不等的正文效率低，而指针数组由于其中每个元素都为指针变量，因此通过地址运算来操作正文行是十分方便的。

指针数组和一般数组一样，允许指针数组在定义时初始化，但由于指针数组的每个元素是指针变量，它只能存放地址，所以对指向字符串的指针数组在说明赋初值时，是把存放字符串的首地址赋给指针数组的对应元素，例如下面是利用一个指向包含第 n 月名字的字符指针。

例 10.9　打印 1 月至 12 月的月名。

```c
int main()
 { static char *name[]={
             "Illegal month",
             "January",
             "February",
             "March",
             "April",
             "May",
             "June",
             "July",
             "August",
             "September",
             "October",
             "November",
             "December"
       };
   int i;
   for(i=0; i<13; i++)
     printf("%s\n", name[i]);
 }
```

下面给出指针数组的具体定义和使用方法。

(1) 定义格式：基本类型名称 *指针变量名[数组元素个数]。例如：

 int *x[3]; float *y[5]; char *s[6]={"Chian","Japan","American","Kearo"};

- 指针变量：即指向元素的指针变量，又称之为列指针变量,又称之为一级指针；int *p；
- 一维数组名表示元素的地址（属于列指针，又称之为一级指针）　int a[10]
- 行指针变量：int (*p)[n]
- 二重指针变量：存放指针变量的地址的变量，即指针的指针。int **p

(2) 指针数组元素的作用和引用。

- 数组的元素是存放地址的，只能将地址赋值给该元素
- 指针数组的数组名是一个二级指针（二重指针），不是行指针；

数组与指针的区别：指针变量是包含某个变量地址的一种特殊变量；数组名表示的是一个物理地址；数组下表是逻地址。

（1）任何有数组实现的操作也能由指针实现（因它们都是地址）；使用形式上，指针的使用也可采用数组的表示方法；

（2）数组具有静态性，指针具有动态性和灵活性；数组一经定义，其基地址和大小便固定了，在数组的有效使用范围内是不可改变；字符数组的每个元素存放的是具体的值；指针变量存放的是地址；指针可以指向任一（定义的）该类型的变量；

（3）指针是变量，可被赋值，数组名不是变量不可被赋值；指针作为地址可以参与一些地址运算；如加、减、比较运算（须在两个指针指向同一数组时）；

（4）指针数组与多维数组：相对于多维数组，指针数组的每一行可以有不同的长度，而多维数组每一行个有固定的长度；

（5）指针具有教好的灵活行，数组具有较好的可读性；指针的运算速度快，数组的运算速度慢；

（6）若定义一个数组，在编译时分配内存单元，它有确定的地址，而定义一个指针变量时，给指针变量分配存储单元，在其中可以放一个地址值，但为赋地址值之前，则它未具体指向一个确定的数据。如：

```
char s[10];scanf( "%s",s); 对的
char *s;scanf( "%s",s); 错误的，虽能运行，但不提倡
```

例 10.10　二维数组元素、指针数组、行指针变量、二重指针变量应用实例。

```
main(){static int a[3][4]={10,20,30,40,11,21,31,41,43,53,63,73},*p;
int *ar[3]={a[0],a[1],a[2]},(*q)[4],**s,i,j;
for(i=0;i<3;i++)
for(j=0;j<4;j++) printf("%d ",a[i][j]);
printf("\n");
for(p=*a,i=0;i<12;i++) printf("%d ",*(p+i));
printf("\n");
for(p=*a,i=0;i<12;i++) printf("%d ",p[i]);
printf("\n");
for(p=*a,i=0;i<12;i++,p++) printf("%d ",*p);
printf("\n");
for(p=*a,i=0;i<3;i++)
for(j=0;j<4;j++) printf("%d ",*(p+i*4+j));
printf("\n");
for(q=a,i=0;i<3;i++)
for(j=0;j<4;j++) printf("%d ",*(*(q+i)+j));
printf("\n");
for(p=(int *)a,i=0;i<12;i++) printf("%d ",*(p+i));
printf("\n");
for(s=ar,i=0;i<3;i++)
for(j=0;j<4;j++) printf("%d ",*(*(s+i)+j));
printf("\n");
}
```

例 10.11　二维数组元素、指针数组、行指针变量、二重指针变量应用实例。

```
#define PN printf("\n");
void out1(int x[]){
int i=0;
for(;i<15;i++) printf("%4d",*x++);
PN /*通过宏输出一个换行符*/
}
void out2(int y[][5]){
int i=0,j=0;
for(;i<3;i++,y++)
for(j=0;j<5;j++) printf("%4d",*(*y+j));
PN
}
void out21(int x[]){
int i=0;
for(;i<15;i++) printf("%4d",*x++);
PN
}
int slen(char a[]){
char *p=a;
for(;*a;a++);
return(a-p);
}
void sc(char a[][10]){
int i=0;
for(;i<3;a++,i++) printf("%s ",*a);
PN
}
void sz(char *t[3]){
int i=0;
for(;i<3;t++,i++) printf("%s ",*t);
PN
}
void sx(char **t){
int i=0;
for(;i<3;t++,i++) printf("%s ",*t);
PN
}
main(){
static int a[3][5]={{10,20,30,40,50},{11,21,31,41,51},{12,22,32,42,52}};
char *s="China",b[][10]={"China","Japan","American"},(*p)[10]=b;
char *r[3]={"China","Japan","American"};
int *as[]={a[0],a[1],a[2]},*p,(*q)[5],**s,i,j;
int b[]={10,20,30,40,50,11,21,31,41,51,12,22,32,42,52};
for(s=as,i=0;i<3;i++,s++)
for(j=0;j<5;j++) printf("%4d",*(*s+j));
PN
```

```
for(q=a,i=0;i<3;i++,q++)
for(j=0;j<5;j++) printf("%4d",*(*q+j));
PN
for(p=*a,i=0;i<15;i++) printf("%4d",*p++);
PN
out1(b);
out2(a);
out21(*a);
sc(p);
sz(r);
sx(r);
}
```

例 10.12 行指针数组、二重指针数组的应用。

```
main(){
int a[3][4]={{10,20,30,40},{11,21,31,41},{12,22,32,42}};
int i,j,(*p[3])[4],(**q)[4];
p[0]=a,p[1]=a+1,p[2]=a+2;
for(q=p;q<p+3;q++) printf("q=%o *q=%o\n",q,*q);
for(q=p,i=0;i<4;i++) printf("%-6d",*(**p+i));
}
```

分析：

（1）*q 是 p[0]；

（2）**q 是*p[0]，即*a（a[0]），也就是&a[0][0]；

（3）*(*q)+i,表示 a[0]+i(即 &a[0][i]),即第 0 行 i 列的地址；

（4）*(*(*q)+i)是 a[0][i]的值。

二、指向指针的指针

指针的指针（又称之为二重指针，或行指针），即存放地址的空间（指针变量）的地址；指针的指针变量，即存放另一个存放地址值的变量的变量。

（1）定义（位置和格式）：数据类型名称 **变量名。

```
int **a ;
char **s;
float **x;
```

（2）初始化：须显示地初始化。

（3）类型：即指向它所指向的实体的类型。

如：

```
int a=10, *p=&a, **q=&p;
```

则 p 为指向整数的指针变量；即 p 是一个存放整型变量的地址的变量；

则 q 为二重指针变量；即 p 是一个存放指向一个整型变量的地址的变量的地址的变量；

（4）引用：通过相关的操作来体现；如：输出、赋值、访问指针变量指向的变量。

（5）与指针有关的运算：

① 求地址运算符：&

　　如：变量或数组元素的地址：&a，&b[2]，&c[2][4]

② 求数值运算符：*

　　如：int a=10, *p=&a,**q=&p;
　　则*p=a；*q=p；**q=a

说明：

① 定义指针变量时变量名前的*与引用指针变量时变量前的*其含义是不相同：定义指针变量时变量的*表示该变量是一个指针类型的变量；引用二重指针变量时变量前的*表示该指针变量所指向的另一个指针变量值（即指针变量本身）；

② 二级指针又称之为二重指针，又称之为行指针；

③ 用一级指针引用变量的值一个*；用二级指针引用变量的值用两个*；

④ 指针的类型取决于它所指向的对象的类型。

例 10.13　指针变量应用之一。通过指针变量访问指针变量所指向的存储空间中的数据。程序文件： qhs10_1.c。

```c
main(){
int n1,n2;
int *p1=&n1, *p2=&n2, *p;
printf("Input the first number:");
scanf("%d",p1);
printf("Input the second number:");
scanf("%d",p2);
printf("n1=%d, n2=%d\n", n1, n2);
if( *p1>*p2 )  /* 如果n1>n2，则交换指针的指向 */
{ p= p1;
p1= p2;
p2=p; }  /*交换指向*/
printf("min=%d, max=%d\n", *p1, *p2);
}
```

说明：*p1,*p2 为通过指针变量访问指针变量所指向的存储空间中的数据。

例 10.14　指针变量应用之二。指针变量作为形式参数时，交换形参指针变量的指向与交换形参指针变量对应的实参指针变量所指向的空间[变量]中的数据。

```c
swapv (int *p1,int *p2){
int p;          /*值交换，即交换指针变量指向的空间的数值本身 */
p=*p1;
*p1=*p2;
*p2=p;
}
swapd (int *p1,int *p2){
int *p;         /*指向交换：即交换指针变量本身的值，空间的地址*/
p=p1;
```

```
p1=p2;
p2=p;
}
main(){
int a=10,b=20,*q1=&a, *q2=&b;
printf("a=%d, b=%d\n", a, b);
swapd(q1,q2);  /*交换指向*/
printf("a=%d, b=%d\n", a, b);
swapv(q1,q2);  /*交换值*/
printf("a=%d, b=%d\n", a, b);
}
```

运行结果：

```
a=10 b=20
a=10 b=20        /*由地址值交换函数：swapd()引起的*/
a=20 b=10        /*由值交换函数：swapv()引起的*/
```

例 10.15　指针变量应用之三。通过指向数组的指针变量访问数组元素。

```
#define N 10   /*qhs10_31.c*/
main() {
int k=0,a[N],*p=a;
for(k=0;k<N;k++) p[k]=(k+1); /*通过循环初始化N 个元素的值*/
printf("\n a[k]:");
for(k=0;k<N;k++) printf("%4d",a[k]);
/*通过循环输出显示N 个元素的值，元素通过元素下标方式引用*/
printf("\n *(a+k):");
for(k=0;k<N;k++,p++) printf("%4d",*(a+k));
/*通过循环输出显示N 个元素的值，元素通过指针方式引用*/
printf("\n p=a, p[k]:");
for(p=a,k=0;k<N;k++) printf("%4d",p[k]); printf("\n");
/*通过循环输出显示N 个元素的值，元素通过指针变量带下标方式引用*/
printf(" p=a,p++,*p:");
for(k=0;k<N;k++,p++) printf("%4d",*p);
/*通过循环输出显示N 个元素的值，其元素通过指针变量引用，指针变量的值在变化*/
printf("\n");
printf("p=a,p<a+N,p++,*p:");
for(p=a;p<a+k;p++) printf("%4d",*p);
printf("\n");
/*通过循环输出显示N 个元素的值，其元素通过指针变量引用，指针变量的值在变化*/
}
```

【本章小结】

1. 指针是 C 语言中一个重要的组成部分，使用指针编程有以下优点：

(1) 提高程序的编译效率和执行速度；

（2）通过指针可使用主调函数和被调函数之间共享变量或数据结构，便于实现双向数据通讯；

（3）可以实现动态的存储分配；

（4）便于表示各种数据结构，编写高质量的程序。

2．指针的运算

（1）取地址运算符&：求变量的地址；

（2）取内容运算符*：表示指针所指的变量；

（3）赋值运算：

把变量地址赋予指针变量；

同类型指针变量相互赋值；

把数组，字符串的首地址赋予指针变量；

把函数入口地址赋予指针变量；

（4）加减运算：

对指向数组，字符串的指针变量可以进行加减运算，如 p+n,p-n,p++,p--等；对指向同一数组的两个指针变量可以相减；对指向其他类型的指针变量作加减运算是无意义的；

（5）关系运算：

指向同一数组的两个指针变量之间可以进行大于、小于、 等于比较运算。指针可与 0 比较，p=0 表示 p 为空指针。

3．与指针有关的各种说明和意义如下。

```
int *p;        p 为指向整型量的指针变量
int *p[n];     p 为指针数组，由 n 个指向整型量的指针元素组成。
int (*p)[n];   p 为指向整型二维数组的指针变量，二维数组的列数为 n
int *p()       p 为返回指针值的函数，该指针指向整型量
int (*p)()     p 为指向函数的指针，该函数返回整型量
int **p        p 为一个指向另一指针的指针变量，该指针指向一个整型量。
```

4．有关指针的说明很多是由指针，数组，函数说明组合而成的。

但并不是可以任意组合，例如数组不能由函数组成，即数组元素不能是一个函数；函数也不能返回一个数组或返回另一个函数。例如

```
int a[5]();  就是错误的。
```

5．关于括号

在解释组合说明符时， 标识符右边的方括号和圆括号优先于标识符左边的"*"号，而方括号和圆括号以相同的优先级从左到右结合。但可以用圆括号改变约定的结合顺序。

6．阅读组合说明符的规则是"从里向外"。

从标识符开始，先看它右边有无方括号或圆括号，如有则先作出解释，再看左边有无*

号。如果在任何时候遇到了闭括号，则在继续之前必须用相同的规则处理括号内的内容。例如：

```
int*(*(*a)())[10]
↑ ↑↑↑↑↑↑
7 6 4 2 1 3 5
```

上面给出了由内向外的阅读顺序，下面来解释它：

（1）标识符 a 被说明为；

（2）一个指针变量，它指向；

（3）一个函数，它返回；

（4）一个指针，该指针指向；

（5）一个有 10 个元素的数组，其类型为；

（6）指针型，它指向；

（7）int 型数据。

因此 a 是一个函数指针变量，该函数返回的一个指针值又指向一个指针数组，该指针数组的元素指向整型量。

【练习与实训】

一、指针的基本用法[验证性]

题目：输入 3 个数 a,b,c，按大小顺序输出。

1．程序分析：利用指针方法。

2．程序源代码：

```
/*pointer*/
main()
{
int n1,n2,n3;
int *pointer1,*pointer2,*pointer3;
printf("please input 3 number:n1,n2,n3:");
scanf("%d,%d,%d",&n1,&n2,&n3);
pointer1=&n1;
pointer2=&n2;
pointer3=&n3;
if(n1>n2) swap(pointer1,pointer2);
if(n1>n3) swap(pointer1,pointer3);
if(n2>n3) swap(pointer2,pointer3);
printf("the sorted numbers are:%d,%d,%d\n",n1,n2,n3);
}
swap(p1,p2)
int *p1,*p2;
{int p;
```

```
p=*p1;*p1=*p2;*p2=p;
}
```

二、指针的应用[设计性]

题目：有 *n* 个人围成一圈，顺序排号。从第一个人开始报数（从 1 到 3 报数），凡报到 3 的人退出圈子，问最后留下的是原来第几号的那位。

1．程序分析：

2．程序源代码：

```
#define nmax 50
main()
{
int i,k,m,n,num[nmax],*p;
printf("please input the total of numbers:");
scanf("%d",&n);
p=num;
for(i=0;i<n;i++)
  *(p+i)=i+1;
  i=0;
  k=0;
  m=0;
  while(m<n-1)
  {
  if(*(p+i)!=0) k++;
  if(k==3)
  { *(p+i)=0;
  k=0;
  m++;
  }
i++;
if(i==n) i=0;
}
while(*p==0) p++;
printf("%d is left\n",*p);
}
```

第 11 章 结构体与共用体

本章将介绍结构体、共用体及枚举类型三种数据类型以及这三种类型的数据在实际应用中的基本方法。本章最后对类型说明工具进行阐述，说明 TYPEDEF 的作用和基本方法。

11.1 结构体与共用体概述

在前面的章节里我们已经学习了 C 语言程序设计的一般方法和步骤。其实，利用计算机最根本的目的是要让计算机处理数据信息，为用户得到有用的结果。这也是我们设计程序的根本任务。因此，在设计一个程序的时候，我们不得不考虑两个重要的问题：一是如何灵活的表示各种数据；二是如何自如的处理各种数据。

C 语言中的数据按照不同的类型，其表示方法和处理方法有所区别。在设计程序的时候，我们必须根据实际问题的特性，选择一种好的数据表示方法。但是在解决实际问题的时候，多数情况下，使用简单的变量甚至数组是不够的。使用结构体使得 C 中表示数据的能力极其强大和灵活。下面，我们来研究一个具体的例子，看看为什么要使用结构体。

王建国是某学校通信 0405 班的学生，他们班有 45 位同学。他想要用 C 语言编程序打印他们班所有同学的 "C 语言程序设计" 这门课程的成绩单。他希望打印出每一位同学的姓名、性别、年龄、成绩。为了打印这些数据，王建国首先用四个不同的数组来存储这些数据。其中，姓名可以用一个二维字符数组存储，年龄用一个整型数组存储，性别用一个字符数组，而成绩用一个实型数组存储。这样，他写了一些定义，代码如下：

```
char xm[45][10];
char xb[45];
int nl[45];
float cj[45];
```

Xm	Xb	Nl	cj
张三	男	19	76.9
...	...	...	...

这样做，在程序中要控制成绩单的输入输出的时候，尤其是对成绩进行排序输出的时候，程序算法变得非常复杂。因为成绩单显然是一个二维表（如右表），二维表的每一行是一个学生。按照如上代码用 4 个不同数组来存放数据的话，程序中必须控制 4 个不同数组的每一行的关系。这样做显然过于复杂。

显然，好的办法是用一个数组表示 45 个学生（即 45 个行），每个数组元素表示一个学生的所有信息（一行的 4 个列）。然而，每个学生的 4 个列类型不同，这样，为了表示每一个学生，就必须用到一种特殊的数据类型，这种类型是要有 4 个成员，每个成员类型可以不同。这就要用到 C 的结构体类型。为了说明结构体类型，我们先把问题简化：假设只有一个学生。如果你要表示 45 个或更多的学生，别急，我们很快会扩展这个程序。请看下面的例 11.1，然后阅读要点解释。

例 11.1

```
#include <stdio.h>
struct student
{ char xm[10];
char xb;
int nl;
float cj; };
main()
{ struct student std1;
   printf("please enter the student xm:");     gets(std1.xm);
   printf("please enter the student xb:");     scanf("%c",&std1.xb);
   printf("please enter the student nl:");     scanf("%d",&std1.nl);
   printf("please enter the student cj:");     scanf("%f",&std1.cj);
   pintf("\n           xm:%s,xb:%c,nl:%d,cj:%f",std1.xm,std1.xb,std1.nl,
std1.cj ) ; }
```

下面是例 11.1 的一个运行示例：

```
please enter the student xm:wangyq
please enter the student xb:w
please enter the student nl:19
please enter the student cj:68
xm:wangyq,xb:w, nl:19,mcj:68
```

例 11.1 中，

```
struct student
{ char xm[10];
char xb;
int nl;
float cj; };
```

定义的是一种类型，这种类型是一种结构体类型。结构体类型必须使用 struct 关键字说明。Student 是这种特殊的结构体类型的类型名。主函数中，struct student std1;定义的是一个变量，这个变量的名字是 std1，std1 这个变量的类型定义为 struct student 这种结构体类型。经过这样的定义后，std1 这个变量有 4 个成员，每个成员可看作一个简单类型的变量或者数组。如：第一个成员是一个一维字符数组，该字符型数组名为 xm，有十个数组元素；其余成员可以类推。

Std1 这个变量的每一个成员可以像其定义一个简单类型的变量或数组一样存储数据。如：std1 的 xm 成员是一个一维字符数组，可以像一维字符数组一样，可以引用数组名代表该数组第一个元素的地址。所不同的是：使用 std1 变量的 xm 成员必须用这样的形式：std1.xm。下面，我们具体讨论结构体的定义和使用。

11.2　定义结构体类型

通过前面有关章节的学习，我们认识了整型、实型、字符型等 C 语言的基本数据类型，也了解了数组这样一种构造型的数据结构，它可以包含一组同一类型的元素。

结构体也是一种构造类型。和数组的定义不同，结构体这种构造类型必须先构造这种类型，然后再用这种构造好的类型定义这种类型的变量。也就是说，使用结构体变量，必须先说明这种类型是一种什么样的结构，然后可以定义这种类型的变量或数组。

显然，定义某种结构体变量需要两步：1、定义某种结构体类型；2、用定义好的某种结构体类型来定义变量。

定义一个结构体类型的一般形式为：

```
struct 结构体名
{
    类型 1 成员 1;
    类型 2 成员 2;
    ......
    类型 n 成员 n;
};
```

说明："结构体"这个词是根据英文单词 structure 译出的。

定义一个结构体类型有两个部分：1、定义结构体类型名；2、定义成员。

结构体名：结构体类型的名称。遵循标识符规定。

结构体成员的定义必须在一对花括号内。结构体可以有若干数据成员，每个成员都是该结构的一个组成部分。对每个成员也必须作类型说明，其形式为：类型说明符 成员名;

注意：每一个成员说明都以分号结束，即使是最后一个成员也不例外。

结构体成员的类型可以是任何一种已知的数据类型，如：基本数据类型、指针型或数组，也可以是其他的已经定义的结构体类型。结构体成员的类型不能是正在定义的结构体类型（递归定义，结构体大小不能确定），但可以是正在定义的结构体类型的指针。每个成员的成员名的命名应符合标识符的书写规定，成员名可以与程序中的变量名同名，二者不代表同一对象，互不干扰。

在结构体类型定义的最后，花括号外要有一个分号，表示结构体类型定义的结束。

例如：定义关于学生信息的结构体类型。

```
struct student
{ int no; char name[20]; char sex; int age; char pno[19];
  char addr[40]; char tel[10];};
```

说明：这是一个结构体类型的定义，包括两个部分：1、类型名的定义；2、成员的定义。

student 是结构体类型名。struct 是关键词，在定义和使用时均不能省略。表示接下来的是一个结构体。

对成员的定义必须在一对花括号内。该结构体类型由 7 个成员组成，分别属于不同的数据类型，分别以分号结束，分号不能省略。即使是最后一个成员也是如此。

花括号外分号结束，表示这个结构体类型 struct student 的定义结束。

结构体类型名和成员名由用户起名，遵循 C 语言的起名规则。再如：

```
struct stu
{   int num;
    char name[20];
    char sex;
    float score;};
```

在这个结构定义中，结构名为 stu，该结构由 4 个成员组成。第一个成员为 num，整型变量；第二个成员为 name，字符数组；第三个成员为 sex，字符变量；第四个成员为 score，实型变量。应注意在括号后的分号是不可少的。结构定义之后，即可进行变量说明。凡说明为结构 stu 的变量都由上述 4 个成员组成。由此可见， 结构是一种复杂的数据类型，是数目固定，类型不同的若干有序变量的集合。

结构体类型的定义可以写在函数内，也可以写在函数外部。若写在函数内部，则这种以定义的结构体类型只能在该函数内部有效，而在该函数外部，就跟没有定义过这个结构体类型一样。若写在函数外部，则整个源文件内均有效。

在定义了结构体类型后，我们可以引用定义好的结构体类型名来定义结构体变量。接着上面的例子，如：struct stu stu1;,这是一个定义，定义了一个变量 stu1，其类型是名字为 stu 的结构体类型。注意：struct 关键字在结构体类型定义和引用中均不可省略的。

11.3　结构体变量

1. 结构体变量的定义

定义结构体类型，是为了定义结构体类型的变量来处理相关的数据。而结构体变量也是变量，也要先定义然后才能使用。和其他类型变量的定义一样，定义一个结构体变量也要定义该变量的存储类别、类型、变量名。和定义其他类型变量不同的是，结构体变量的类型是结构体类型，而这种结构体类型也要先定义（或者说构造）。这在上一节中已经讨论过。

定义一个结构体变量比较简单，以上面定义的 stu 为例，先定义一个结构体类型，如：

```
struct stu
    {   int num;
        char name[20];
        char sex;
        float score;   };
```

上例定义了一个结构体类型，该类型有四个成员。

这只是定义一个结构体类型，仅仅只是通知 C 编译器定义了这样一种数据类型，并不会在内存空间真正开辟存储单元存放数据。要想存放数据，就要定义变量。在上面定义了结构体类型后，就可以定义该类型的变量，如：

```
struct stu stu1;
```

这是定义了一个变量，变量名为 stu1，该变量的类型是 struct stu 这种结构体类型，即该变量有四个成员。这个定义中没有说明变量的存储类别，那么和前面讨论变量的存储类别一样，该变量的存储类别就是 static 的，即静态变量。C 编译器看到这条指令，就会按照类型的定义创建一个变量，并且 C 编译器会立即开辟一块存储空间分配给变量 stu1。那么，开辟多大的一段存储空间如何分配给变量 stu1 呢？

要弄清楚这个问题，先来看一个前面讨论过的例子：int num1;，这是定义了一个变量，变量的类型定义为 int 整型，变量的名字定义为 num1，C 编译器看到这条指令，会立即开辟一块存储空间分配给变量 num1。开辟的存储单元空间大小是由类型决定的，int 基本整型变量占两个字节（不同的编译系统基本整型变量占字节数不同，这里以 16 位系统为例）。而在 struct stu stu1;结构体变量的定义后，系统为变量 stu1 开辟的字节数当然也是由其类型决定的，其类型是 struct stu 结构体类型，这种类型占几个字节呢？这要看 struct stu 结构体类型每一个成员的情况。C 的结构体变量可以看作由其每一个成员顺序连接起来的组合。如下图：

num	name	sex	score

第一个成员是 num 成员，其类型 int，占 2 个字节；第二个成员 name 是数组，占 20 个字节；第三个成员 sex 占 1 个字节；第四个成员 score 占 4 个字节。这就说明这种结构体类型的变量 stu1 占 27 个字节，开始 2 个字节分配给成员 num，接下来的 20 个字节分配给成员 name，再接下来 1 个字节分配给成员 sex，最后四个字节分配给成员 score。因此，我们可以把结构体变量看做是多个类型不同的按顺序存放的成员的集合。

这种情况和数组好像非常类似，但是结构体和数组是不同的，为了搞清楚这种不同，下面我们具体来分析一下数组和结构体变量的不同：

（1）结构体变量有多个成员，数组有多个数组元素，结构体变量每个成员类型不同，数组的每个数组元素类型相同。

（2）数组的类型其实说明的是每个数组元素的类型，结构体变量的类型只是结构体变量本身的类型，每个成员的类型由成员的类型说明决定。

（3）结构体变量是一个变量，变量名代表变量本身，变量都有地址，所以可以对结构体变量取地址。而数组名代表的是数组的起始地址，或者说是第一个数组元素的地址，看作一个常量地址，不能对数组名取地址。

（4）结构体变量的每个成员可以是一个简单变量，也可以是数组或者又是一个结构体类型的变量；数组的数组元素的类型是数组的类型，数组元素可以是结构体类型，这就是所谓的结构体数组，这在后面还要展开讨论；而数组元素当然也可以是数组，这就是前面数组一章讨论过的：二维数组看作是一个特殊的一维数组，而这个特殊的一维数组的每个数组元素类型是一维数组。

通过上述讨论，希望读者能理解，数组和结构体变量同是构造出来的类型，但是却有很大的区别。下面，我们继续讨论结构体变量的定义。

在结构体变量的定义中，struct stu 的作用和 int num1；中的 int 作用相同。因此，也可以定义多个变量，如：

```
struct stu stu1,stu2;
```

这是定义了两个变量，其类型都是 struct stu 这种结构体类型。还可以定义数组和指针，如：struct stu stuarr[20];这是定义了一个一维数组，该数组有 20 个数组元素，每个数组元素的类型均是 struct stu 这种结构体类型。再如：

```
struct stu * stupoit;
```

这是定义了一个变量，变量名为 stupoit，该变量是指针型（*），这个指针型的变量用来存放某变量的地址，这个某变量的类型是 struct stu 这种结构体类型。读者还可以分析，还能定义结构体类型的二维数组、多维数组、指针数组、指向数组的指针变量、函数等等。本书篇幅有限，不再一一列举。

下面给出定义结构体变量的三种方法。以上面定义的 stu 为例来加以说明。

（1）先定义结构体类型，再定义结构体变量。

如：

```
struct stu
    {   int num;
        char name[20];
        char sex;
        float score;  };
    struct stu boy1,boy2;
```

定义了两个变量，变量名分别为 boy1 和 boy2，其类型是结构体类型，这种结构体类型用 struct stu 引用。而能引用 struct stu 是因为在上面已经定义了名为 stu 的结构体类型。

（2）在定义结构类型的同时说明结构变量。

例如：

```
struct stu
    {   int num;
        char name[20];
        char sex;
        float score;   }boy1,boy2;
```

这种形式的说明的一般形式为：

```
struct 结构名
    { 成员表列
 } 变量名表列;
```

（3）直接说明结构变量。

例如：

```
struct
    {   int num;
        char name[20];
```

```
        char sex;
        float score;
    }boy1,boy2;
```

这种形式的说明的一般形式为：

```
struct
        {成员表列
    }变量名表列;
```

第三种方法与第二种方法的区别在于第三种方法中省去了结构名，而直接给出结构变量。三种方法中说明的 boy1,boy2 变量都具有下图所示的结构。

num	name	sex	score

说明了 boy1,boy2 变量为 stu 类型后，即可向这两个变量中的各个成员赋值。在上述 stu 结构定义中，所有的成员都是基本数据类型或数组类型。

成员也可以又是一个结构，即构成了嵌套的结构。例如，下图给出了另一个数据结构。

num	name	sex	birthday			score
			month	day	year	

按图可给出以下结构定义：

```
struct date
{   int month;
        int day;
        int year;   };
    struct{
        int num;
        char name[20];
        char sex;
        struct date birthday;
        float score;
    }boy1,boy2;
```

首先定义一个结构 date，由 month(月)、day(日)、year(年) 三个成员组成。 在定义并说明变量 boy1 和 boy2 时，其中的成员 birthday 被说明为 data 结构类型。成员名可与程序中其他变量同名，互不干扰。

2. 结构体变量的初始化

和其他类型变量一样，结构体变量可以在定义时初始化。由于结构体变量是按其成员结构存储数据的，结构体变量的初始化在形式上如同数组的初始化，需要一对花括号，花括号内按照成员的顺序给每一个成员初始化值，类型个数要匹配一致。如：

```
struct stu     /*定义结构*/
```

```
{      int num;
       char *name;
       char sex;
       float score;
}boy2,boy1={102,"Zhang ping",'M',78.5};
main()
{boy2=boy1;
 printf("Number=%d\nName=%s\n",boy2.num,boy2.name);
 printf("Sex=%c\nScore=%f\n",boy2.sex,boy2.score); }
```

本例中，boy2,boy1 均被定义为外部结构变量，并对 boy1 作了初始化赋值。在 main 函数中，把 boy1 的值整体赋予 boy2，然后用两个 printf 语句输出 boy2 各成员的值。还可以给一个结构体数组初始化，如：

例 11.2   对结构变量初始化。

```
struct stu    /*定义结构*/
{      int num;
       char *name;
       char sex;
       float score;
}boy2,boy1[2]={{102,"Zhang ping",'M',78.5}, {103,"Li ming",'M',88.3}};
main()
{boy2=boy1[0];
 printf("Number=%d\nName=%s\n",boy2.num,boy2.name);
 printf("Sex=%c\nScore=%f\n",boy2.sex,boy2.score); }
```

本例中，boy2 被定义为外部结构变量，boy1 定义为外部结构数组。并对 boy1 数组作了初始化赋值。在 main 函数中，把 boy1 的第一个数组元素的值整体赋予 boy2，然后用两个 printf 语句输出 boy2 各成员的值。

另外，如同数组的初始化可以给一部分指定的数组元素初始化值一样，结构体变量的初始化也可以仅仅给一部分成员初始化值。例如：

```
struct stu    /*定义结构*/
{      int num;
       char *name;
       char sex;
       float score;  };
struct stu boy={.num=97};
```

这个例子就是在定义变量 boy 的同时，给其成员 num 初始化一个值 97。本书将这种初始化方法称为指定项目的初始化。这种初始化，在给变量初始化值的时候需要引用成员，引用成员需要使用成员的引用运算符：.。如：.num，表示引用该变量的 num 成员。在这里，我们仅仅是为了讨论这种指定项目的初始化方法，简单的说明一下，有关的成员引用的问题，我们随后会详细的讨论。

这种对结构体变量的这种指定项目的初始化更为灵活。例如，可以给结构体变量指定任意的一个成员初始化。接着上面的例子，如：

```
struct stu boy={.score=63.5};
```

这样定义的 boy 变量，是给其成员 score 初始化值。注意，如前所述，初始化不是赋值语句，是变量的定义，即在定义变量的时候给变量一个初始的值。

还可以给任意的两个或两个以上成员的组合初始化值，如：

```
struct stu boy={.num=97,.score=63.5};
```

这样定义的 boy 变量，是给其特定的两个成员 num 和 score，分别初始化值 97 和 63.5。这种指定项目的初始化可以按照任意的顺序制定成员。如：

struct stu boy={.num=97,.score=63.5, .name= "wang xia" ,.sex= 'w' };，这样的初始化，显然给所有的四个成员都赋了一个初始化值，然而，初始化的时候，成员初始化的顺序和定义的顺序是不同的。这就是说，这种指定项目的初始化可以按照任意的顺序制定成员。

当然，也可以仅指定某些成员，而又不指定其他的成员，如：

struct stu boy={.num=97, "wang xia" , 'w' , 63.5};，这里，指定了第一个成员，并且初始化为 97，随后给了三个成员初始化值，却没有指定成员，也就是说没有通过引用成员赋初始化值。这是允许的，但是这样做要小心，必须保证指定的成员后的每一个初始化值是按照成员的定义中给出的顺序一致。

如：struct stu boy{.name="wang xia",'w'};

这时候，显然是给两个成员初始化，第一个是指定的成员 name 初始化，逗号后的'w'，是给 name 后的成员初始化值，name 后的成员在定义中是 sex 成员。所以等价于：

```
struct stu boy{.name="wang xia",.sex='w'};
```

若这种初始化改写成：

```
struct stu boy{.name="wang xia",.97};
```

这将等价于写成了：

```
struct stu boy{.name="wang xia",.sex=97};
```

若写成：

```
struct stu boy{.name="wang xia",.num=97,"li ming"};
```

这里，先指定了给成员 name 初始化值 "wang xia"，然后指定成员 num 一个初始化值 "97"，后面呢？后面还有一个值 "li ming"，这是给哪一个成员初始化呢？如前所述，没有指定成员，就表示按照定义中的顺序给下一个成员初始化，.num 的下一个是 name 成员，所以 "li ming" 是给 name 成员初始化。可是读者注意到，该例中的初始化第一个就已经指定给.name 一个初始化值 "wang xia" 了。这时候，如果给同一个成员多次初始化，最后一次的初始化有效，也可以理解为后面的初始化值覆盖了前面的初始化值。所以，该例中.name 成员最后还是被初始化为 "li ming" 了，因此，上面的写法等价于：

```
struct stu boy{.num=97, .name="li ming"};
```

其实，C 语言中很多地方需要我们理解，而不是硬背。这里讨论了结构体变量的定义方法、含义和初始化方法和含义，但是不能将实际应用中可能遇到的所有情况一一举例，希望读者能够举一反三，从概念出发去研究每一个问题。接下来，我们将继续讨论结构体变量的用法，请读者继续往后看。

3. 结构体变量及其成员的表示方法

变量可以进行赋值等操作。例如，定义一个整型变量，然后可以给该变量赋一个整型常量，如：

```
int sum1;  sum1=3;
```

结构体变量也是变量，和其他的变量一样可以进行赋值等操作。只是在 C 中很难表示一个结构体类型的常量，也就很难给一个结构体变量赋一个常量值。（在后面第 7 小节我们讨论的复合结构文字，可以近似的看做是某种结构类型的常量，但是这种方法不是所有的编译器所支持的，我们在后面再来研究这个问题。）但是我们可以很容易的给一个结构体变量赋值另一个结构体变量。如：

```
struct stu    /*定义结构*/
{     int num;
      char *name;
      char sex;
      float score;
}boy2,boy1={102,"Zhang ping",'M',78.5};
main()
{ boy2=boy1;}
```

上面的例子是说明将一个结构体类型的变量赋值给另一个结构体变量。

需要说明的一点是：和数组的名字代表一个数组的第一个元素的地址不同，结构体变量的名字代表一个变量，结构体是变量就有地址，可以进行取地址运算，而数组名代表一个地址常量，不能进行取地址运算。如：

```
struct stu    /*定义结构*/
{     int num;
      char *name;
      char sex;
      float score;
}boy2={102,"Zhang ping",'M',78.5},
boy1[2]={{102,"Zhang ping",'M',78.5},{103,"Li ming",'M',88.3}}, *boy3;
main()
{ boy3=boy1;
  boy3=&boy2; }
```

boy3 是基类型为结构体的指针变量，可以存放一个同类型结构体变量的地址。而 boy2 是一个结构体变量，表达式&boy2 的值是变量 boy2 的地址，可以赋值给 boy3；而 boy1 是一个结构体数组的数组名，代表数组元素 boy1[0]的地址，也可以赋值给 boy3。

然而，若 boy3=&boy1；就错了，原因是 boy1 是一个结构体数组的数组名，不能取地址。

在程序中使用结构变量时，根据解决问题的需要，往往不把它作为一个整体来使用。在 ANSI C 中除了允许具有相同类型的结构变量相互赋值以外，一般对结构变量的使用，包括赋值、输入、输出、运算等都是通过结构变量的成员来实现的。所以，使用结构体变量，大多情况下，我们是要灵活的引用结构体变量的每一个成员。成员的引用方法很简单，引用结构变量成员的一般形式是：结构变量名.成员名.如：

```
boy1.num        即第一个人的学号
boy2.sex        即第二个人的性别
```

这里我们用到了一个运算符：.。. 运算符是取结构体成员运算符，讨论运算符必须讨论其结合性和优先级。. 运算符和一对圆括号（）、方括号[]一样，优先级最高，结合性自左向右。引用结构体变量成员，只需要. 运算符即可。但是，如果成员本身又是一个结构则必须逐级找到最低级的成员才能使用。如：

```
boy1.birthday.month
```

即第一个人出生的月份成员可以在程序中单独使用，与普通变量完全相同。

4. 结构体变量的赋值

结构变量的赋值最常用的就是给各成员赋值。可用输入语句或赋值语句来完成。

例 11.3　给结构变量赋值并输出其值。

```
main()
{
    struct stu
    {  int num;
       char *name;
       char sex;
       float score;
    } boy1,boy2;
    boy1.num=102;
    boy1.name="Zhang ping";
    printf("input sex and score\n");
    scanf("%c %f",&boy1.sex,&boy1.score);
    boy2=boy1;
    printf("Number=%d\nName=%s\n",boy2.num,boy2.name);
    printf("Sex=%c\nScore=%f\n",boy2.sex,boy2.score); }
```

本程序中用赋值语句给 num 和 name 两个成员赋值，name 是一个字符串指针变量。用 scanf 函数动态地输入 sex 和 score 成员值，然后把 boy1 的所有成员的值整体赋予 boy2。最后分别输出 boy2 的各个成员值。本例表示了结构变量的赋值、输入和输出的方法。

总之，在输入输出的时候，只能输入输出结构体变量的成员；而赋值的时候，既可以给结构体成员赋值，也可以给结构体成员赋值；给结构体变量赋值的时候，只能将一个结构体变量赋值给另一个同类型的结构体变量，而给结构体成员赋值的时候，若成员是一个简单类型或指针型，可以将一个同类型的变量或者常量赋值给一个成员，若成员是构造类型，则还要展开讨论。

11.4　结构体数组

1. 定义结构体数组

为解决实际问题的需要，有时候在程序中还需要定义结构体数组。我们定义一个数组，若数组的类型是结构体型，也就是说数组的每个元素是结构体类型的变量，则这个数组就是结构体数组了。和定义一个一般的数组一样，如：static int sum[10];。定义一个结构体数组也需要定义三个部分内容：（1）定义数组的存储类别；（2）定义数组类型；（3）定义数组名；（4）定义数组维数和下标，如：struct stu stuarr[10];。

这是定义了一个有十个数组元素的结构体数组，数组名是 stuarr，数组的类型是 struct stu 这种类型，数组的存储类别隐含的是静态 static 的。

在实际应用中，经常用结构数组来表示具有相同数据结构的一个群体。如一个班的学生成绩单，一个车间职工的工资表等。结构体数组也要先定义再使用，结构体数组的定义方法和结构变量相似，只不过现在要定义的是结构体类型的数组而不是变量。下面给出了一个结构体数组的定义。如：

```
struct stu
    {   int num;
        char *name;
        char sex;
        float score;  }boy[3];
```

这里定义了一个结构数组 boy，共有 3 个元素，boy[0]～boy[2]。每个数组元素都具有 struct stu 的结构形式。这个例子说明了一个结构体数组的定义，如同定义一个一般的数组一样，这里定义了一个数组，只不过定义的数组类型为 struct stu 这种结构体类型；也如同定义一个结构体变量一样，只不过定义的是数组而不是变量。

定义了数组后，编译系统会为其开辟存储单元。显然这里为数组开辟三块存储单元，这是由于数组有三个数组元素。每一个数组元素是 struct stu 这种结构体类型，占 9 个字节，读者可以自己分析，num 成员占两个字节，name 字符指针占两个字节，sex 占一个字节，score 占四个字节（这里均以 tc 编译系统为例）。所以每一块存储单元占 9 个字节。如图：

num	name	sex	score

对结构数组可以作初始化赋值。就如同给一般的数组初始化一样，结构体数组的初始化也是使用一对花括号，花括号内用逗号分隔，给每一个数组元素初始化。只是现在每一

个数组元素均是 struct stu 这种结构体类型，所以为每一个数组元素初始化的时候，有如同给一个结构体变量初始化一样，再使用一对花括号，花括号内有逗号分隔，为每一个成员初始化。例如：

```
struct stu
    {   int num;
        char *name;
        char sex;
        float score;
    }boy[3]={
            {101,"Li ping","M",45},
            {102,"Zhang ping","M",62.5},
            {103,"He fang","F",92.5},
    };
```

当对全部元素作初始化赋值时，也可不给出数组长度。

二、标识结构体数组元素的成员

定义了结构体数组，当然要在程序中使用数组。但是为了使用结构体数组，我们就要了解如何引用每一个数组元素以及每一个数组元素的成员。首先，每个数组元素如同一个变量一样，只不过结构体数组中每个数组元素如同一个结构体类型的变量。如上面的例子中，定义了 boy 数组为结构体类型的一维数组，有三个数组元素，分别是 boy[0]、boy[1]和 boy[2]，每个元素都如同一个 struct stu 结构体类型的变量一样，都有四个成员。和结构体变量一样不作为整体使用，结构体数组元素常常需要引用每一个数组元素的成员。引用结构体数组元素的成员也和引用结构体变量的成员一样，在数组元素后加一个.运算符，然后是成员名。如：boy[0].name，这是引用了 boy 数组第一个数组元素 boy[0]的 name 成员。

再如:boy[1].sex='w';boy[1].score=65.4;,这个例子是给 boy[1]数组元素的 sex 成员赋值为'w',给 score 成员赋值为 65.4。如果改写为：boy.sex='w';boy.score=65.4;,这样写法是错误的。我们知道，boy 是数组名，数组名是第一个元素的地址，所以这种写法含义就错了。再如：boy[1].name[1];,这是正确的写法，结合前面指针一节对指针变量的介绍，读者可以分析其含义。这种写法是对 boy[1]这个数组元素的 name 成员的一个运算，等价于写成了：*(boy[1].name+1);,这表示的是取 boy[1]这个数组元素的 name 成员所指向的第二个字符数据的引用。再如，下面的例子都是正确的引用，请读者参照给出的解释加以分析：

boy[2];表示对 boy 数组第三个数组元素的引用。
boy[2].name;表示 boy[2]的 name 成员的引用，该成员是一个字符指针变量。
boy[2].num;表示对 boy[2]的 num 成员的引用，该成员是一个整型变量。
&boy[2].num;表示引用 boy[2]的 num 成员变量的地址。
&boy[2].name[3];表示引用 boy[2]的 name 所指向字符串的第四个字符的地址的引用；等价于：boy[2].name+3。
&boy[2];表示对 boy[2]的地址的引用；等价于:boy+2
Boy 表示对 boy[0]的地址的引用；等价于：&boy[0]。

程序讨论：

例 11.4　计算学生的平均成绩和不及格的人数。

```
struct stu
{   int num;
    char *name;
    char sex;
    float score;
}boy[5]={ {101,"Li ping",'M',45},
          {102,"Zhang ping",'M',62.5},
          {103,"He fang",'F',92.5},
          {104,"Cheng ling",'F',87},
          {105,"Wang ming",'M',58}  };
main()
{   int i,c=0;
    float ave,s=0;
    for(i=0;i<5;i++)
    { s+=boy[i].score;
      if(boy[i].score<60) c+=1;  }
    printf("s=%f\n",s);
    ave=s/5;
    printf("average=%f\ncount=%d\n",ave,c);  }
```

本例程序中定义了一个外部结构数组 boy，共 5 个元素，并作了初始化赋值。在 main 函数中用 for 语句逐个累加各元素的 score 成员值存于 s 之中，如 score 的值小于 60(不及格) 即计数器 C 加 1，循环完毕后计算平均成绩，并输出全班总分，平均分及不及格人数。

例 11.5　建立同学通讯录

```
#include"stdio.h"
#define NUM 3
struct mem
{   char name[20];
    char phone[10];  };
main()
{   struct mem man[NUM];
    int i;
    for(i=0;i<NUM;i++)
     {printf("input name:\n");
      gets(man[i].name);
      printf("input phone:\n");
      gets(man[i].phone);     }
    printf("name\t\t\tphone\n\n");
    for(i=0;i<NUM;i++)printf("%s\t\t\t%s\n",man[i].name,man[i].phone); }
```

本程序中定义了一个结构 mem，它有两个成员 name 和 phone 用来表示姓名和电话号码。在主函数中定义 man 为具有 mem 类型的结构数组。在 for 语句中，用 gets 函数分别输入各个元素中两个成员的值。然后又在 for 语句中用 printf 语句输出各元素中两个成员值。

从上面的例子可以看出，其实读者只要具体搞清楚结构体的概念，数组的概念，也就不难理解结构体数组了。结构体数组其实就是数组，只不过该数组的类型是结构体类型罢了。对照下面的例子：

```
struct mem
{  char name[20];
}stdn,stdm[20];
```

读者应该搞清楚，stdn 是一个结构体变量，该变量只有一个成员 name，该成员是一个数组，所以可以说 stdn 是一个成员为数组的结构体变量。而 stdm 是一个一维结构体类型的数组，该数组有 20 个数组元素，每个数组元素有一个成员，该成员是一个数组，所以可以说 stdm 是一个成员为数组的结构体数组。

在实际应用中，实际问题一般都比较复杂，大多情况下，我们不是使用某个简单的结构体变量或者数组。为了解决问题的需要，往往要定义较为复杂的结构体类型，该结构体中往往要含有数组或更为复杂的类型的成员，同时，我们要使用的往往不是这种结构体类型的变量，而是较为复杂的这种类型的数组或更为复杂的应用。如本章第一节【例 10.1】中，若王建国要用 C 语言编程序输入 45 位同学的学号、姓名、性别、年龄、课程名称、平时成绩、期末成绩，然后按照"平时成绩*0.3+期末成绩*0.7=总评成绩"的公式自动计算总评成绩，并且按照"A—优(90-100)"，"B—良(80-90)"，"C—中(70-80)"，"D—及格(60-70)"，"E—不及格(<60)"的规则设置成绩级别，然后按照总评成绩升序打印成绩单。其解决办法应当用到结构体数组。给出源代码如下：

```c
#include <stdio.h>
struct student
{   char xh[10];
char xm[10];
char xb[2];
int nl;
char kcm[21];
float pscj;
float qmcj;
float zpcj;
char cjjb;}std1[45],stdcen;
main()
{ int i,j;float j;
for(i=1;i<46;i++)
{ struct student std1;
   printf("please enter the student%d xh:",i);
   gets(std1[i-1].xh);
   printf("please enter the student xm:");
   gets(std1[i-1].xm);
   printf("please enter the student xb:");
   gets(std1[i-1].xb);
   printf("please enter the student nl:");
   scanf("%d",&std1[i-1].nl);
   printf("please enter the student kcm:");
```

```
            gets(std1[i-1].kcm);
            printf("please enter the student pscj:");
            scanf("%f",&std1[i-1].pscj);
            printf("please enter the student qmcj:");
            scanf("%f",&std1[i-1].qmcj);
            std1[i-1].zpcj=0.3* std1[i-1].pscj+0.7* std1[i-1].qmcj;
            switch ((int)std1[i-1].zpcj/10)
                { case 9: std1[i-1].cjjb="A";break;
case 8: std1[i-1].cjjb="B";break;
case 7: std1[i-1].cjjb="C";break;
case 6: std1[i-1].cjjb="D";break;
default: std1[i-1].cjjb="E";break;   }
}
for(i=0;i<44;i++)
{   for(j=0;j<44-i;j++)
if (std1[j]>std1[j+1])
{  stdcen=std1[j];std1[j]=std1[j+1];std1[j+1]=stdcen;}     }
for (i=0;i<45;i++)      pintf("\n the student xh:%s,xm:%s,xb:%s,nl:%d,
kcm:%s,pscj:%f,qmcj:%f",std1.xh,std1.xm,std1.xb,std1.nl,std1.kcm,std1.pscj,s
td1.qmcj);   }
```

本例中，首先定义一个结构体数组 struct student std1[45]，用来存放整个一个班 45 个同学的数据，每个数组元素存放一个学生的数据。程序中第一个循环是一个 for 语句的单循环，循环次数是 45 次，用来输入 45 个同学的信息，并且每输入一个学生的信息后就自动计算总评成绩和成绩级别。程序中第二个循环是一个 for 语句的嵌套循环，用冒泡法排序对 45 个同学按照总评成绩升序排序。程序的最后一个循环是将排序后的 45 个同学的成绩单信息输出到显示器。

由此可以看出，在实际应用中，设计一个程序必须要应用到全面的知识。在本例中，我们不仅要了解结构体类型的变量和数组的概念和引用等知识，还要了解很多内容。如，std1、stdcen 是全局变量和数组，在全局有效；还有冒泡排序等算法；还有程序结构的控制等。实际应用中很多问题还要复杂得多。但是无论怎样，我们学习 C 语言程序设计的方法是：要一点一滴的积累知识，更要灵活掌握、前后对照、融会贯通。这一节我们讨论了结构体数组，接下来，我们再来讨论结构体指针。

3. 嵌套的结构体

C 语言的结构体为程序中定义存储数据提供了方便的构造结构的方法。结构体中各成员不仅可以是简单类型或数组，还可以是其他的复杂类型，如某个成员有是结构体，或者还可以是本章后面几个小节里讨论的共用体类型等等。若结构体中某个成员的类型是结构体类型，则构成了这里要讨论的嵌套的结构体。

嵌套的结构体在实际的应用中也比较常见，我们先来看一个例子：王建国要创建一个结构体数组用来存放每一个同学的通讯录，通讯录中有三个成员：(1) 某个同学基本信息，(2) 家庭住址，(3) 联系电话。家庭住址和联系电话可以是字符数组，但是要表示某个同学的基本信息，又要包含其姓氏、名字还有年龄等。这时候，定义这个成员又需要使用结构体了。下面，我们先来构造这个表示同学基本信息的结构体：

```
struct strinf
{   char *first;用来存放姓氏
    char *last; 用来存放名字
    int age; 用来存放年龄   };
```

然后来定义这个通讯录所需的结构体：

```
struct strstu
{   struct strinf nod;用来存放基本信息
    char *jtzz;家庭住址
    char *lxdh;联系电话
}boy[3];
```

这样，我们定义了一个数组，可以存放三个同学的通讯录。若读者还需定义容纳更多同学的通讯录只需要改变定义这个数组的长度；若每个同学的信息还要更多，可以再重新定义 struct strinf 这种类型。这里，为了讨论方便，我们先来用这个简单的例子加以说明。

说明：

首先，Struct strstu 这种结构的第一个成员被定义为另一种结构体类型 struct strinf，这就是所谓的嵌套的结构体。但是，注意到 C99 标准中"使用某种类型前要先定义或说明后才能使用"这个规则，本例中，先定义了 struct strinf 类型，然后定义 struct strstu，显然是可以成立的。

其次，对嵌套的结构体变量的引用要注意，若引用的某个成员是结构体，则需要逐级引用子成员。如：boy[0].nod.age=23;这表示的是给 boy[0]元素的 nod 成员的 age 成员赋值 23。而 boy[0].nod 表示的是 boy[0]的 nod 成员，该成员看作一个 struct strinf 类型的变量，和一般的结构体变量一样，我们很少引用这种变量，而要常常引用这个变量的某个成员。

第三，定义一个结构体，其成员可以是某个结构体类型，但是不能是这个结构体类型本身，如：

```
    struct stu
{   struct stu name;
    int age;};
```

这样的定义是不被允许的。因为这样的定义含义不确定，从上面错误的定义中，由于 name 的结构无法确定，我们无法分析这种 struct stu 究竟是什么样的一种结构，这是所谓的递归定义，这样的定义是错误的。但是，C99 却允许使用递归定义的方法定义结构体类型的指针成员，我们在下一小节中，讨论链表的时候，将会遇到这种定义。

11.5   结构体指针变量

1. 指向结构体变量的指针

通过前面的学习，我们知道定义一个结构体变量后，该结构体变量占一定的内存空间。

可以对该变量取地址。如：

```
struct stu     /*定义结构*/
{    int num;
     char *name;
     char sex;
     float score;  }boy2={102,"Zhang ping",'M',78.5};
```

boy2 变量是一个变量，可以对其取地址，如&boy2。这个表达式的结果是一个地址，或者说指针。如果再定义一个变量，存放这个地址，那么，这个变量就是存放结构体变量 boy2 的地址的指针变量了。这个变量就是用来指向一个结构体变量的指针变量，称之为结构体指针变量。那么，该如何定义这样的一个结构体指针变量呢？

我们先来看这样一种定义：int * num;，这是定义了一个变量名为 num 的变量，类型是指针型 (*)，含义是该变量用来存放指针（地址）的。我们知道，不同类型的变量的数据存储形式是不同的，在内存中开辟的存储单元所占字节数也是不同的，如字符型变量占一个字节，基本整型占两个字节（不同的系统规定不同，本书假定 16 位系统）。也就是说，不同类型变量的指针指向的存储单元字节数不同，所以定义一个指针变量，不仅要说明该变量存放指针，还要说明存放的是什么类型的变量的指针。这就是所谓的指针变量的基类型。

上例中，int * num;，定义的是基类型为 int 型的指针变量，就是说，num 这个变量用来存储一个指向 int 型变量的指针。换句话说，就是 num 这个变量用来存储一个 int 整型变量的地址。

如果定义一个指针变量的基类型为结构体类型的话，该指针变量就是一个用来存放某个结构体变量的地址的指针变量了。结构指针变量说明的一般形式为：struct 结构名 *结构指针变量名

例如，在前面的例题中定义了 stu 这个结构，如要说明一个指向 stu 的指针变量 pstu，可写为：struct stu *pstu;

这就定义了一个结构指针变量 pstu，该变量可以存放一个 struct stu 的结构体类型的变量，如：pstu=&boy1。注意，结构体变量的地址在数值上是结构体变量的首地址。通过结构指针即可访问该结构变量，这与数组指针和函数指针的情况是相同的。当然也可在定义 stu 结构时同时说明 pstu。与前面讨论的各类指针变量相同，结构指针变量也必须要先赋值后才能使用。赋值是把结构变量的首地址赋予该指针变量，不能把结构名赋予该指针变量。如果 boy 是被说明为 stu 类型的结构变量，则：

pstu=&boy
是正确的，而
pstu=&stu
是错误的。

结构名和结构变量是两个不同的概念，不能混淆。结构名只能表示一个结构形式，是一个类型名，编译系统并不对它分配内存空间。只有当某变量被说明为这种类型的结构时，才对该变量分配存储空间。因此上面&stu 这种写法是错误的，不可能去取一个结构名的首地址。有了结构指针变量，就能更方便地访问结构变量的各个成员。

其访问的一般形式为：(*结构指针变量).成员名

或为：结构指针变量->成员名

例如：(*pstu).num

或者：pstu->num

应该注意在这种引用中(*pstu)两侧的括号不可少，因为成员符"."的优先级高于"*"。如去掉括号写作*pstu.num 则等效于*(pstu.num)，这样，意义就完全不对了。下面通过例子来说明结构指针变量的具体说明和使用方法。

例 11.6

```
struct stu
    { int num;
      char *name;
      char sex;
      float score;
    } boy1={102,"Zhang ping",'M',78.5},*pstu;
main()
{   pstu=&boy1;
    printf("Number=%d\nName=%s\n",boy1.num,boy1.name);
    printf("Sex=%c\nScore=%f\n\n",boy1.sex,boy1.score);
    printf("Number=%d\nName=%s\n",(*pstu).num,(*pstu).name);
    printf("Sex=%c\nScore=%f\n\n",(*pstu).sex,(*pstu).score);
    printf("Number=%d\nName=%s\n",pstu->num,pstu->name);
    printf("Sex=%c\nScore=%f\n\n",pstu->sex,pstu->score);    }
```

本例程序定义了一个结构 stu，定义了 stu 类型结构变量 boy1 并作了初始化赋值，还定义了一个指向 stu 类型结构的指针变量 pstu。在 main 函数中，pstu 被赋予 boy1 的地址，因此 pstu 指向 boy1。然后在 printf 语句内用三种形式输出 boy1 的各个成员值。从运行结果可以看出：

```
结构变量.成员名
(*结构指针变量).成员名
结构指针变量->成员名
```

这三种用于表示结构成员的形式是完全等效的。

2. 指向结构体数组的指针

数组名代表数组的起始地址，或者说是数组的第一个数组元素的地址。若定义一个数组，其类型是结构体类型，这个数组就是结构体数组，这个数组的每个元素就是结构体类型的变量，数组名就是第一个元素的地址。如：

```
struct stu
{   int num;
    char *name;
    char sex;
    float score;
```

```
}boy[5]={ {101,"Zhou ping",'M',45},
         {102,"Zhang ping",'M',62.5},
         {103,"Liou fang",'F',92.5},
         {104,"Cheng ling",'F',87},
         {105,"Wang ming",'M',58}    };
```

定义了一个结构体数组，若定义一个该结构体类型的指针变量，struct stru *ps;，该变量 ps 可存放一个 struct stru 结构体类型的变量的地址，数组 boy 的第一个数组元素 boy[0] 是 struct stru 结构体类型的变量，所以可以将其地址赋值给 ps，如：ps=&boy[0];，而数组名 boy 等价于&boy[0]，所以上面的赋值等价于：ps=boy，这就是说 ps 被赋值为第一个数组元素的地址，或者说 ps 被赋值为 boy 数组的起始地址。这时结构指针变量 ps 的值是整个结构数组的首地址。

结构指针变量也可指向结构数组的一个元素，这时结构指针变量的值是该结构数组元素的首地址。设 ps 为指向结构数组的指针变量，则 ps 也指向该结构数组的 0 号元素，ps+1 指向 1 号元素，ps+i 则指向 i 号元素。这与普通数组的情况是一致的。

例 11.7　用指针变量输出结构数组。

```
struct stu
{
    int num;
    char *name;
    char sex;
    float score;
}boy[5]={ {101,"Zhou ping",'M',45},
         {102,"Zhang ping",'M',62.5},
         {103,"Liou fang",'F',92.5},
         {104,"Cheng ling",'F',87},
         {105,"Wang ming",'M',58}      };
main()
{struct stu *ps;
 printf("No\tName\t\t\tSex\tScore\t\n");
 for(ps=boy;ps<boy+5;ps++)
 printf("%d\t%s\t\t%c\t%f\t\n",ps->num,ps->name,ps->sex,ps->score);  }
```

在程序中，定义了 stu 结构类型的外部数组 boy 并作了初始化赋值。在 main 函数内定义 ps 为指向 stu 类型的指针。在循环语句 for 的表达式 1 中，ps 被赋予 boy 的首地址，然后循环 5 次，输出 boy 数组中各成员值。

应该注意的是，一个结构指针变量虽然可以用来访问结构变量或结构数组元素的成员，但是，不能使它指向一个成员。也就是说不允许取一个成员的地址来赋予它。因此，下面的赋值是错误的。

```
ps=&boy[1].sex;
```

而只能是：ps=boy;(赋予数组首地址)

或者是：ps=&boy[0];(赋予 0 号元素首地址)

3. 结构指针变量作函数参数

在 ANSI C 标准中允许用结构变量作函数参数进行整体传送。但是这种传送要将全部成员逐个传送，特别是成员为数组时将会使传送的时间和空间开销很大，严重地降低了程序的效率。因此最好的办法就是使用指针，即用指针变量作函数参数进行传送。这时由实参传向形参的只是地址，从而减少了时间和空间的开销。

例 11.8　计算一组学生的平均成绩和不及格人数。用结构指针变量作函数参数编程。

```
struct stu
{   int num;
    char *name;
    char sex;
    float score;}boy[5]={
        {101,"Li ping",'M',45},
        {102,"Zhang ping",'M',62.5},
        {103,"He fang",'F',92.5},
        {104,"Cheng ling",'F',87},
        {105,"Wang ming",'M',58}        };
main()
{   struct stu *ps;
    void ave(struct stu *ps);
    ps=boy;
    ave(ps); }
void ave(struct stu *ps)
{   int c=0,i;
    float ave,s=0;
    for(i=0;i<5;i++,ps++)
      { s+=ps->score;
        if(ps->score<60) c+=1;        }
    printf("s=%f\n",s);
    ave=s/5;
    printf("average=%f\ncount=%d\n",ave,c);  }
```

本程序中定义了函数 ave，其形参为结构指针变量 ps。boy 被定义为外部结构数组，因此在整个源程序中有效。在 main 函数中定义说明了结构指针变量 ps，并把 boy 的首地址赋予它，使 ps 指向 boy 数组。然后以 ps 作实参调用函数 ave。在函数 ave 中完成计算平均成绩和统计不及格人数的工作并输出结果。

由于本程序全部采用指针变量作运算和处理，故速度更快，程序效率更高。

11.6　动态存储分配

在数组一章中，曾介绍过数组的长度是预先定义好的，在整个程序中固定不变。C 语言中不允许动态数组类型。如：int n;

```
    scanf("%d",&n);
```

```
int a[n];
```

用变量表示长度，想对数组的大小作动态说明，这是错误的。但是在实际的编程中，往往会发生这种情况，即所需的内存空间取决于实际输入的数据，而无法预先确定。对于这种问题，用数组的办法很难解决。为了解决上述问题，C 语言提供了一些内存管理函数，这些内存管理函数可以按需要动态地分配内存空间，也可把不再使用的空间回收待用，为有效地利用内存资源提供了手段。

常用的内存管理函数有以下三个：

1．分配内存空间函数 malloc

调用形式：(类型说明符*)malloc(size)

功能：在内存的动态存储区中分配一块长度为"size"字节的连续区域。函数的返回值为该区域的首地址。

"类型说明符"表示把该区域用于何种数据类型。

(类型说明符*)表示把返回值强制转换为该类型指针。

"size"是一个无符号数。

例如：pc=(char *)malloc(100);

表示分配 100 个字节的内存空间，并强制转换为字符数组类型，函数的返回值为指向该字符数组的指针，把该指针赋予指针变量 pc。

2．分配内存空间函数 calloc

calloc 也用于分配内存空间。

调用形式：(类型说明符*)calloc(n,size)

功能：在内存动态存储区中分配 n 块长度为"size"字节的连续区域。函数的返回值为该区域的首地址。

(类型说明符*)用于强制类型转换。

calloc 函数与 malloc 函数的区别仅在于一次可以分配 n 块区域。

如：ps=(struet stu*)calloc(2,sizeof(struct stu));

其中的 sizeof(struct stu)是求 stu 的结构长度。因此该语句的意思是：按 stu 的长度分配 2 块连续区域，强制转换为 stu 类型，并把其首地址赋予指针变量 ps。

3．释放内存空间函数 free

调用形式：free(void*ptr);

功能：释放 ptr 所指向的一块内存空间，ptr 是一个任意类型的指针变量，它指向被释放区域的首地址。被释放区应是由 malloc 或 calloc 函数所分配的区域。

例 11.9　分配一块区域，输入一个学生数据。

```
main()
{ struct stu
   { int num;
     char *name;
```

```
    char sex;
    float score;  } *ps;
ps=(struct stu*)malloc(sizeof(struct stu));
ps->num=102;
ps->name="Zhang ping";
ps->sex='M';
ps->score=62.5;
printf("Number=%d\nName=%s\n",ps->num,ps->name);
printf("Sex=%c\nScore=%f\n",ps->sex,ps->score);
free(ps);  }
```

本例中，定义了结构 stu，定义了 stu 类型指针变量 ps。然后分配一块 stu 大内存区，并把首地址赋予 ps，使 ps 指向该区域。再以 ps 为指向结构的指针变量对各成员赋值，并用 printf 输出各成员值。最后用 free 函数释放 ps 指向的内存空间。整个程序包含了申请内存空间、使用内存空间、释放内存空间三个步骤，实现存储空间的动态分配。

11.7 链表

1. 链表的概念

链表对今后同学们学习数据结构有很大的帮助，这里，我们仅仅讨论链表的基本概念和简单的使用方法。

在例 11.9 中采用了动态分配的办法为一个结构分配内存空间。每一次分配一块空间可用来存放一个学生的数据，我们可称之为一个结点。有多少个学生就应该申请分配多少块内存空间，也就是说要建立多少个结点。当然用结构数组也可以完成上述工作，但如果预先不能准确把握学生人数，也就无法确定数组大小。而且当学生留级、退学之后也不能把该元素占用的空间从数组中释放出来。

用动态存储的方法可以很好地解决这些问题。有一个学生就分配一个结点，无须预先确定学生的准确人数，某学生退学，可删去该结点，并释放该结点占用的存储空间。从而节约了宝贵的内存资源。另一方面，用数组的方法必须占用一块连续的内存区域。而使用动态分配时，每个结点之间可以是不连续的(结点内是连续的)。结点之间的联系可以用指针实现。 即在结点结构中定义一个成员项用来存放下一结点的首地址，这个用于存放地址的成员，常把它称为指针域。

可在第一个结点的指针域内存入第二个结点的首地址，在第二个结点的指针域内又存放第三个结点的首地址，如此串联下去直到最后一个结点。最后一个结点因无后续结点连接，其指针域可赋为 0。这样一种连接方式，在数据结构中称为"链表"。

下图为最一简单链表的示意图。

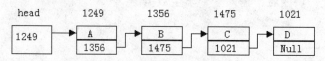

图中，第 0 个结点称为头结点，它存放有第一个结点的首地址，它没有数据，只是一

个指针变量。以下的每个结点都分为两个域，一个是数据域，存放各种实际的数据，如学号 num，姓名 name，性别 sex 和成绩 score 等。另一个域为指针域，存放下一结点的首地址。链表中的每一个结点都是同一种结构类型。

例如，一个存放学生学号和成绩的结点应为以下结构：

```
struct stu
{ int num;
  int score;
  struct stu *next; }
```

前两个成员项组成数据域，后一个成员项 next 构成指针域，它是一个指向 stu 类型结构的指针变量。

链表的基本操作对链表的主要操作有以下几种：

（1）建立链表；

（2）结构的查找与输出；

（3）插入一个结点；

（4）删除一个结点；

下面看一个例子。

例 11.10   建立一个三个结点的链表，存放学生数据。为简单起见，我们假定学生数据结构中只有学号和年龄两项。可编写一个建立链表的函数 creat。程序如下：

```
#define NULL 0
#define TYPE struct stu
#define LEN sizeof (struct stu)
struct stu
    { int num;
      int age;
      struct stu *next;  };
TYPE *creat(int n)
{   struct stu *head,*pf,*pb;
    int i;
    for(i=0;i<n;i++)
    { pb=(TYPE*) malloc(LEN);
      printf("input Number and  Age\n");
      scanf("%d%d",&pb->num,&pb->age);
      if(i==0)
      pf=head=pb;
      else pf->next=pb;
      pb->next=NULL;
      pf=pb;        }
    return(head);    }
```

在函数外首先用宏定义对三个符号常量作了定义。这里用 TYPE 表示 struct stu，用 LEN 表示 sizeof(struct stu)主要的目的是为了在以下程序内减少书写并使阅读更加方便。结构 stu 定义为外部类型，程序中的各个函数均可使用该定义。creat 函数用于建立一个有 n 个结点的链表，它是一个指针函数，它返回的指针指向 stu 结构。在 creat 函数内定义了三个 stu 结构的指针变量。head 为头指针，pf 为指向两相邻结点的前一结点的指针变量。pb 为后一结点的指针变量。

2. 链表操作的程序示例

（1）链表的建立

要建立链表，必须先定义结点的数据类型。前面介绍的结构体变量，包含若干成员。这些成员可以是数值类型、字符类型、数组类型，也可以是指针类型。这个指针类型可以指向其他结构体类型，也可以指向自身所在的结构体类型。链表中结点的数据类型正是根据后面这个思路来定义的。如：

```
struct student
{  int   num;
   char name[20];
   char sex;
   int   age;
   float    score;
   struct student *link;};
```

link 是成员名，属于指针类型，它指向 struct student 类型数据，用于存放下一个同类型结点的首地址。link 成员给链表中各个结点的连接提供了可能。

比如，现有两个指针 p、q，分别指着两个独立结点，另有一个结构体变量 stud，通过如下程序片段就可将它们串成一个链表，如图所示。

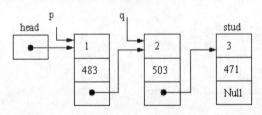

```
struct student  *head,*p,*q, stud;
p=(struct student *)malloc(sizeof(struct student)); /*创建第一个结点，p 指向它*/
p->num=1;  p->score=483;                              /*将数据置入该结点中*/
q=(struct student *)malloc(sizeof(struct student)); /*创建第二个结点，q 指向它*/
q->num=2;  q->score=503;
stud.num=3;  stud.score=471;
head=p;                         /* 设 head 指向第一个结点，作为头指针  */
p->link=q;                      /* 在 p 所指结点的后面接上第二个结点  */
q->link=&stud;                  /* 在 q 所指结点的后面接上变量 stud 所表示的结点  */
stud.link=NULL;                 /* 设置空指针，尾结点不再指向其他结点 */
```

注意最后两句，stud 是一个结构体变量，引用时与指针变量是有区别的。

例 11.11 以-1 作为结束标志，编写一个创建链表的函数。

```
#define NULL 0
#include "stdlib.h";
struct student
{ int      num;                /*学号*/
  float    score;              /*成绩*/
  struct student *link;        /*指向下一个结点的指针*/
};
struct student *creat()
{ struct student *head,*p,*q;
  int number;
  head=NULL;                   /*初始为空链表,没有任何结点*/
  scanf("%d",&number);         /*事先读入一个学号*/
  while (number!=-1)           /* 若不是结束标志-1,则通过以下循环创建一个结点*/
  { q=(struct student *)malloc(sizeof(struct student));
                               /*申请一个新的结点*/
    q->num=number;             /*将先前读入的学号放入到该结点中*/
    scanf("%f",&q->score);     /*再读入该结点的其他数据*/
    if (head==NULL)            /*刚才新建的是不是第一个结点*/
      head=q;                  /*是,则令该结点为头结点,head 为头指针*/
    else
      p->link=q;               /*否,则将该结点挂到链表尾部*/
    p=q;                       /*p 总是指向已建链表的最后一个结点*/
    scanf("%d",&number);       /*读入下一个学号*/
  }
  if (head!=NULL)
    p->link=NULL;              /*如果链表不为空,则设立尾结点标志*/
  return(head);                /*返回新建链表的头指针*/
}
```

creat 函数用于建立一个新的链表，它是一个指针函数，它返回的指针属于 struct student 类型，指向新链表的头结点。在 creat 函数内定义了三个 struct student 类型的指针变量，其中 head 作为头指针，总是指向第一个结点；每次在表尾添入一个结点后，p 总是用来指向最新的尾结点；q 用来申请新的结点。

（2）链表的遍历

相对于链表的创建而言，链表的遍历，也就是对链表的每一个结点访问一遍，是比较容易的。遍历一个链表的技术要点有三：一是要从头结点开始，因为单向链表反向访问是不便的；二是每访问一个结点前，必须先判空，防止过了表尾；三是当前结点访问后，需令指向当前结点的指针指向下一个结点，以利程序循环操作。

例 11.12 编写一个遍历链表的函数。

```
void print(struct student *phead)    /*要求将一个链表的头指针作为参数传入*/
{ struct student *p;
  p=phead;                           /*从头结点开始*/
```

```
    while (p!=NULL)                              /*当前结点若不为空,则继续访问*/
    { printf("%d,%5.1f\n",p->num ,p->score );
      p=p->link ;                                /*指向下一个结点*/
    }
}
main()
{  print(creat());        /*先调用函数 creat, 其返回值作为头指针再传给函数 print */
}
```

将例 10.11 与例 10.12 的程序段合在一起,便是一个完整的链表输入输出程序。

(3) 链表的插入操作

链表的插入操作就是将新的结点插入到一个现有的链表中。插入的基本思想是:如果要在原来相邻的两个结点 a 和 b 之间插入一个新的结点 c,则需把结点 a 中的指针指向 c,把结点 c 中的指针指向 b,这样就由原来的 a→b 链变成了 a→c→b,而排在 a 之前的结点与 b 之后的结点都不受影响。插入操作可分为四种情形:

(1) 在一个空链表中插入;
(2) 插在一个链表的头结点之前;
(3) 插在两个结点之间;
(4) 插在尾结点之后。

前两种情形插入后需要改变链表的头指针。图(a)为插入前的情形;图(b)为插入在头结点之前的结果;图(c)为插入在两个结点之间的结果。

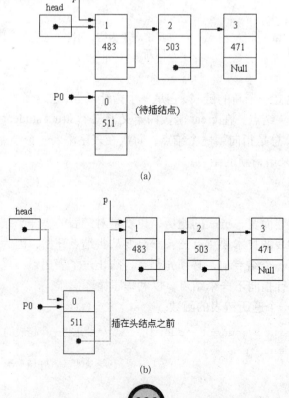

(a)

(b)

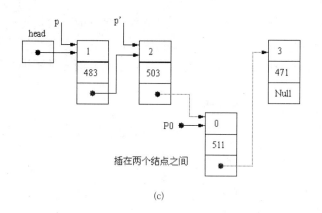

(c)

由图（a）到图（b）的变化，可通过如下两条语句实现：

```
p0->link=head;
head=p0;
```

注意，这两条语句的前后次序不能颠倒。因为一旦先失去了 head 中原先的值，就再也没法将原先 head 所引导的链表接回来了。好比您要将手中正在放着的风筝交给别人，这根牵着的线，是等到别人接上手之后您再松手，还是您先松手了然后别人再过来接？

同理，由图（a）到图（c）的变化，可通过如下语句实现：

```
p=p->link;
p0->link=p->link;
p->link=p0;
```

先通过一条或多条 p=p->link 这类语句，向后逐步寻找插入点，然后再实施有关的链接操作。

（4）链表的删除操作

链表的删除操作就是删除现有链表中的某个结点。删除的基本思想是：如果原来的链接关系是 a→b→c，要把 b 结点删除，则需把结点 a 中的指针指向 c，把结点 b 所占的内存空间释放，这样就由原来的 a→b→c 链变成了 a→c，而排在 a 之前的结点与 c 之后的结点都不受影响。删除一个结点时，需要使用 free 函数释放其所占空间。

删除操作可分四种情形：
- 对一个空链表操作；
- 要删除的是链表的头结点，这种情形需要改变链表的头指针；
- 删除其他的结点，链表的头指针不动；
- 拟删除的结点在链表中不存在。

11.8　共用体

1. 共用体类型定义

所谓共用体数据类型是指将不同的数据项存放于同一段内存单元的一种构造数据类

型。同结构体类型相似，在一个共用体内可以定义多种不同的数据类型；不同的是，在一个共用体类型的变量中，其所有成员共用同一块内存单元，因此，虽然每一个成员均可以被赋值，但只有最后一次赋进去的成员值能够保存下来，而先前赋进去的那些成员值均被后来的覆盖了。

定义一个共用体类型的一般形式为：

```
union  共用体名
{
成员1   类型1;
成员2   类型2;
...
成员n   类型n;
};
```

例如：

```
union data
{  int a;
    float   b;
    char    c;};
union data  x;
```

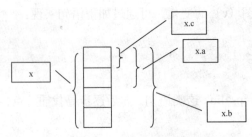

这是定义了一个变量 x，有三个成员，a 成员存放一个整型值，b 成员存放一个实型值，c 成员存放一个字符。这个变量在内存单元中的分配如图所示：

x 变量占四个字节的存储单元，a 成员占这个四字节存储单元的前两个字节，b 成员占整个四字节，c 成员占这个四字节存储单元的第一个字节。

一个共用体类型变量占几个字节，这要看这种共用体类型中各个成员的情况，一个共用体变量所占内存长度等于其所有成员中最长的成员的长度，所有成员共用一段内存单元；而前面讨论的结构体是不同的，一个结构体变量所占内存长度是各成员占的内存长度之和，每个成员分别占有自己的内存单元。

由于共用体的这种"所有成员共用一段内存单元"的特性，有的地方也把共用体称为联合体或共同体。由于共用体各成员共用同一段存储单元，所以在引用各成员的时候，就要特别注意：所有成员不能同时存在。

共用体变量可以初始化，但是正是由于"所有成员不能同时存在"，所以对共用体变量的初始化和对结构体变量的初始化是不同的，我们只能初始化共用体变量的一个成员。因此，对共用体变量的初始化只能有以下三种选择。

（1）将一个共用体变量初始化为另一个同类型的共用体变量。如：

```
union data  datas1;
datas1.a=97;
main()
{  union data datas2=datas1;}
```

和结构体变量一样，共用体变量可以赋值给另一个同类型的共用体变量。

（2）和结构体变量的初始化一样，可以指定某一个成员初始化。如：

```
union data datas3={.b=65.4};
```

这表示的是对 datas3 变量的 b 成员初始化。

（3）和结构体变量的初始化一样，可以指定某一个成员初始化。如：

```
union data datas3={97};
```

这表示的是对 datas3 变量的第一个成员初始化。

2. 共用体变量的引用

对共用体变量的赋值、使用都只能是对变量的成员进行。共用体变量的成员表示为：
共用体变量名.成员名

例如，对于上文定义的变量 x 与 y，可使用以下方式访问成员值 x.a(或 x.b 或 x.c)，分别对 x 变量的 a（或 b、c）成员访问。在使用共用体类型数据时应注意以下一些特点。

（1）同一内存段可以用来存放几种不同类型的成员，但在每一瞬时只能存放其中一种，而不是同时存放几种。也就是说，每一瞬时只有一个成员起作用，其他的成员不起作用，即不是同时都存在或起作用。

（2）共用体变量中起作用的成员是最后一次存放的成员，在存入一个新的成员后原有的成员就失去作用。例如，以下几条赋值语句：

```
 x.a=1; x.b=3.6;   x.c='H';
```

虽然先后给三个成员赋了值，但只有 x.c 是有效的，而 x.a 与 x.b 已经无意义而且也不能被引用了，或者说对 x.a 与 x.b 的引用已经没有意义了。

（3）共用体变量的地址和它的各成员的地址都是同一地址。

（4）不能对共用体变量名赋值，也不能企图引用变量名来得到成员的值。例如，下列语句都是错误的：

```
union data
{ int    a;
float  b;
char   c;
} x={1,3.6,'H'},y;      /*错，不能初始化 */
x=1;                    /*错，不能对共用体变量名赋值*/
y=x;                    /*错，不能引用共用体变量名以得到值*/
```

（5）共用体变量不能作为函数参数，一个函数的类型也不能定义成共用体类型，但可以使用指向共用体变量的指针。

（6）共用体与结构体可以互相嵌套。在共用体中可以定义结构体成员，或者也可以在结构体中定义共用体成员。

例 11.15 为了管理某学校某班级的任课教师和学生的信息，我们可以构造一种数据类型用来存放任课老师，同时用这种类型还可以存放学生的数据。若教师的数据包括：教师号、姓名、性别、任课课程。我们可以定义如下：

```
struct tcher_std
{ char * bh;
char *name;
char sex;
char *tb_name;};
```

这是定义了一个结构 struct tcher_std,这种结构体类型中,bh 成员用来存放教师号,name 存放教师姓名，sex 存放性别信息，tb_name 存放任课课程名。如果现在想要使用这个相同的结构存放学生信息，假设学生的数据包括：学号、姓名、性别、年龄。显然可以 bh 成员用来存放学号，name 存放学生姓名，sex 存放性别信息，但是为了让 tb_name 可以存放教师任课课程名，也可以用来存放学生年龄，就必须改写上面的定义了，如：

```
struct tcher_std
{ char * bh;
char *name;
char sex;
union {int age;
        char *kc_name;
}tb_name;};
```

这样定义的结构体中有一个成员 tb_name，其类型是共用体类型，有两个成员，第一个成员 age 整型可用来存放学生年龄，第二个成员 kc_name 可用来存放教师的任课课程。

输入输出方法为：

```
struct tcher_std arr[10];
…
scanf("%s,%s,%c,%s",arr[0].bh,          arr[0].name,          &arr[0].sex,
arr[0].tb_name.kc_name);/*输入教师信息*/
scanf("%s,%s,%c,%s",arr[1].bh,          arr[1].name,          &arr[1].sex,
&arr[1].tb_name.age);/*输入学生信息*/
…
```

结构体中可以定义共用体成员，同样的，共用体中也可以定义结构体类型的成员。这种用法本身是非常灵活的，在实际应用中我们必须要灵活的掌握结构体和共用体的用法。

11.9 枚举类型

在实际问题中，有些变量的取值被限定在一个有限的范围内。例如，一个星期内只有七天，一年只有十二个月，一个班每周有六门课程等等。如果把这些量说明为整型，字符型或其他类型显然是不妥当的。为此，C 语言提供了一种称为"枚举"的类型。在"枚举"

类型的定义中列举出所有可能的取值，被说明为该"枚举"类型的变量取值不能超过定义的范围。应该说明的是，枚举类型是一种基本数据类型，而不是一种构造类型，因为它不能再分解为任何基本类型。

1. 枚举类型的定义和枚举变量的说明

（1）枚举的定义枚举类型定义的一般形式为：**enum 枚举名{ 枚举值表 };**

在枚举值表中应罗列出所有可用值。这些值也称为枚举元素。例如：

```
enum weekday{ sun,mou,tue,wed,thu,fri,sat };
```

该枚举名为 weekday，枚举值共有 7 个，即一周中的七天。凡被说明为 weekday 类型变量的取值只能是七天中的某一天。

（2）枚举变量的说明

如同结构和联合一样，枚举变量也有三种定义方式。如：

```
enum weekday{ sun,mou,tue,wed,thu,fri,sat };
enum weekday a,b,c;
或者为：enum weekday{ sun,mou,tue,wed,thu,fri,sat }a,b,c;
或者为：enum { sun,mou,tue,wed,thu,fri,sat }a,b,c;
```

2. 枚举类型变量的赋值和使用

枚举类型在使用中有以下规定：

（1）枚举值是常量，不是变量。不能在程序中用赋值语句再对它赋值。如对枚举 weekday 的元素再作以下赋值：

```
sun=5;
mon=2;
sun=mon;
```

都是错误的。

（2）枚举元素本身由系统定义了一个表示序号的数值，从 0 开始顺序定义为 0，1，2…。如在 weekday 中，sun 值为 0，mon 值为 1，…,sat 值为 6。

例 11.16

```
main(){ enum weekday { sun,mon,tue,wed,thu,fri,sat } a,b,c;
    a=sun;
    b=mon;
    c=tue;
    printf("%d,%d,%d",a,b,c); }
```

说明：只能把枚举值赋予枚举变量，不能把元素的数值直接赋予枚举变量。如：

```
    a=sum;
  b=mon;
```

是正确的。而：

```
    a=0;
 b=1;
```

是错误的。如一定要把数值赋予枚举变量，则必须用强制类型转换。

如：a=(enum weekday)2;

其意义是将顺序号为 2 的枚举元素赋予枚举变量 a，相当于：a=tue;

还应该说明的是枚举元素不是字符常量也不是字符串常量，使用时不要加单、双引号。

例 11.17

```
main(){
    enum body { a,b,c,d } month[31],j;
    int i;
    j=a;
    for(i=1;i<=30;i++){
      month[i]=j;
      j++;
      if (j>d) j=a;    }
    for(i=1;i<=30;i++){
      switch(month[i])
      { case a:printf(" %2d  %c\t",i,'a'); break;
        case b:printf(" %2d  %c\t",i,'b'); break;
        case c:printf(" %2d  %c\t",i,'c'); break;
        case d:printf(" %2d  %c\t",i,'d'); break;
        default:break;     }
    }
    printf("\n");
}
```

11.10 类型定义符 typedef

C 语言不仅提供了丰富的数据类型，而且还允许由用户自己定义类型说明符，也就是说允许由用户为数据类型取"别名"。类型定义符 typedef 即可用来完成此功能。例如，有整型量 a,b,其说明：int a,b;，其中 int 是整型变量的类型说明符。int 的完整写法为 integer，为了增加程序的可读性，可把整型说明符用 typedef 定义为：

```
typedef int INTEGER
```

这以后就可用 INTEGER 来代替 int 作整型变量的类型说明了。 如：INTEGER a,b;，它等效于：int a,b;。

用 typedef 定义数组、指针、结构等类型将带来很大的方便，不仅使程序书写简单而且使意义更为明确，因而增强了可读性。如：typedef char NAME[20];，表示 NAME 是字符数组类型，数组长度为 20。然后可用可以用 NAME 说明变量，如：NAME a1,a2,s1,s2;，这完全等价于：char a1[20],a2[20],s1[20],s2[20];。又如：

```
typedef struct stu
{ char name[20];
```

```
        int age;
        char sex;
            } STU;
```

定义 STU 表示 stu 的结构类型，然后可用 STU 来说明结构变量：STU body1,body2;

typedef 定义的一般形式为：typedef 原类型名　新类型名

其中原类型名中含有定义部分，新类型名一般用大写表示，以便于区别。

有时也可用宏定义来代替 typedef 的功能，但是宏定义是由预处理完成的，而 typedef 则是在编译时完成的，后者更为灵活方便。

【本章小结】

在设计程序的时候，我们必须根据实际问题的特性，选择一种好的数据表示方法，本章主要学习的是解决实际问题中表示数据的方法，结构体与共用体是 C 语言常用结构，且在《数据结构》课程中用到，需要认真理解并掌握。

【练习与实训】

1. 写一个插入函数，在一个有序的链表中插入一个结点，要求插入后的链表依然有序。考虑以学号为关键字确定各结点的前后顺序。

```
struct student *insert(struct student *phead,struct student *p0)
{ struct student *p,*q;
  if (phead==NULL )
  { phead=p0;p0->link=NULL;}          s/*在空链表中插入*/
  else
  { q=NULL; p=phead;    /*从头结点开始往后一步一步寻找插入点*/
    while(p0->num>=p->num && p->link !=NULL)
    { q=p; p=p->link; }               /*q 指向当前结点，p 指向下一个结点 */
    if (q==NULL)
    { p0->link=phead; phead=p0;}       /*插到首结点之前*/
    else if (p0->num<p->num)
        { p0->link=p; q->link=p0;}      /*插到 q 与 p 所指向的结点之间*/
        else
        { p->link=p0; p0->link=NULL;} /*插到尾结点之后*/
  }
  return(phead);}
```

2. 写一个删除函数，删除链表中指定学号所在的结点。并结合创建函数、遍历函数、插入函数的调用，给出一个 main 主函数。

```
struct student *del(struct student *phead,int num0)
{ struct student *p,*q;
  p=phead;
  if (phead==NULL)              /*是不是一个空链表？*/
    return(phead);
  else if (phead->num==num0)
```

```
        phead=phead->link;          /*要删除的是头结点,把下一个结点作为新的头结点*/
      else
      { while(p->num!=num0 )        /*根据关键字 num0 查找结点*/
        { q=p; p=p->link;           /* q 指向当前结点, p 指向下一个结点 */
          if (p==NULL) break;       /* 查找完毕, 不再查找 */
        }                           /* 循环完成后, p 指向要删除的结点   */
        if (p!=NULL)
          q->link=p->link;          /*删除 p 所指向的结点*/
        else
          return(phead);            /*未找到要删除的结点*/
      }
  if  (p!=NULL)  free(p            /*释放空间*/
  return(phead);
}
main()
{ struct student *head,*newnode;
  int num;
  head=creat();                     /*创建一个链表*/
  printf("before insert:\n");
  print(head);                      /*在插入前输出链表*/
  printf("input the inserted record:");
  newnode=(struct student *)malloc(sizeof(struct student));
  scanf("%d,%f",&newnode->num,&newnode->score);
  head=insert(head,newnode);        /*插入一个结点*/
  printf("after insert:\n");
  print(head);                      /*在插入后输出链表*/
  printf("input the num to delete:");
  scanf("%d",&num);
  head=del(head,num);               /*删除链表中的一个结点*/
  printf("after delete:\n");
  print(head);                      /*在删除一个结后再输出链表*/}
```

说明:完整的程序由例 11-6 中的结点类型定义与 creat 创建链表函数、例 11-7 中的 print 遍历函数、例 11-8 中的 insert 插入函数以及上述 del 删除函数与 main 主函数组成。

程序运行情况如下,其中"-1,-1"这一行之前的数据由键盘输入。

```
23,483✓
31,501✓
35,493✓
-1,-1✓
before insert:
23,483.0
31,501.0
35,493.0
input the inserted record:27,450✓
after insert:
23,483.0
27,450.0
```

```
31,501.0
35,493.0
input the num to delete:31✓
after delete:
23,483.0
27,450.0
35,493.0
```

第12章 位 运 算

本章重点介绍位运算的概念、位运算符和位段。学习本章应掌握用位运算编程的方法，为处理一些与硬件密切相关的操作打下基础。

学习位运算必须清楚的三个问题：

1．为什么要学习位运算。

2．什么是位运算？

3．C 语言中位运算是如何进行的呢？

第三个问题是本章我们要讲的主要内容。要讲清楚位运算，我们分三个小节内容进行介绍。

12.1 位运算符和位运算

我们知道，计算机中数据是以二进制形式存储的，C 语言中位运算就是将实际存储的二进制数按位运算。C 语言中有两种位运算符。

（1）位逻辑运算符

有按位取反~、按位与&、按位或|、按位异或^四个运算符。

（2）移位运算符

有左移位<<和右移位>>两个运算符。

C 语言中共有上面六种位运算符，其中按位取反运算符是单目运算符，其余五个都是双目运算符。

除此之外，C 语言中还有与位运算相关的复合赋值运算符。赋值运算符几乎可以和所有的双目运算符组合构成复合赋值运算符，如+=、-=等；上面五个双目位运算符也都能和赋值运算符组合构成复合赋值运算符。

讨论位运算符，我们要注意：

（1）这十一个运算符的运算量可以是整型或者字符型数据，不能是实型数据。

（2）运算的是整型或者字符型数据的每一个二进制位，而不是整体。

下面介绍位运算符。

1．按位取反运算符~

回忆一下逻辑非运算符!。单目运算符，优先级别第二，自右向左结合性；运算量是逻辑值。C 语言中没有逻辑型数据，但将任何一个非 0 值看作逻辑真，0 看作逻辑假。所以非运算符可以与 0 或与一个非零值运算，而逻辑运算得到的结果只能是 0 或者 1，0 表示假，1 表示真。

按位取反运算符~，也是单目运算符，优先级别第二，自右向左结合性；运算量是一个整型或字符型数据，可以是常量，也可以是变量，也可以是表达式。运算结果是数据各位取反。

例如：printf("%d,%d",!0,~0);

按位取反运算的特性。一个数按位取反，再次按位取反，得到这个数本身。

2. 按位与运算符&

回忆一下逻辑与运算符&&。双目运算符，优先级别比关系运算符低，比逻辑或运算符高，逻辑或运算符比条件运算符高，自左向右的结合性；运算量是逻辑值。运算结果是 0 或者 1。

按位与运算符&，也是双目运算符，优先级别仅次于关系运算符，比逻辑与运算符高，自左向右的结合性；运算量是整型或字符型数据，可以是常量，也可以是变量，也可以是表达式。运算结果是数据各个位与运算的结果。

例如：printf("%d,%d",3&&8,3&8);

按位与运算的一些特性。

（1）任何一个数和零按位与运算，得零。用途：清零。

（2）任何一个数和各个位为 1 的数按位与运算，保持原数。用途：保留某些指定位。

例如：一个基本整型数 a（占两个字节，16 个位），若只想保留低字节，高字节清零，只需要找到这样一个数：高字节为 0，低字节为 1，即 0000000011111111，这个数在 C 语言中可以用 255 表示，也可以用 0377 表示，还可以用 0xff 表示。只要用 a 和 b 按位与运算，即可得到 a 保留低 8 位的结果。

3. 按位或运算符 |

回忆一下逻辑或运算符||。双目运算符，优先级别比逻辑与运算符低，比条件运算符高，自左向右的结合性；运算量是逻辑值。运算结果是 0 或者 1。

按位或运算符 |，也是双目运算符，优先级别比逻辑与运算符高，比按位与运算符低，自左向右的结合性；运算量是整型或字符型数据，可以是常量，也可以是变量，也可以是表达式。运算结果是数据各个位按位或运算的结果。

例如：printf("%d,%d",3||8,3|8);

按位或运算的一些特性。

（1）任何一个数和各个位为 1 的数按位或运算，各个位置 1。用途：置 1。

（2）任何一个数和 0 按位或运算，保持原数。用途：保留某些指定位。

4. 按位异或运算符 ^

异或的意思是取异为真：就是说，运算的两个位若不同，则结果位为 1。否则为 0。

按位异或运算符，也是双目运算符，优先级别仅次于按位与运算符，比按位或运算符高，自左向右的结合性；运算量是整型或字符型数据，可以是常量，也可以是变量，也可以是表达式。运算结果是数据各个位按位异或的结果。

例如：printf("%d",3^8);

按位异或运算的一些特性。

(1) 任何一个数和各个位为 1 的数按位异或运算，得到这个数的按位翻转。用途：求反。

如：假设一个位，与 1 按位异或，刚好得到这个数的反。

(2) 任何一个数和 0 按位异或运算，保持原数。用途：保留某些指定位。

(3) 任何一个数和自己按位异或运算，得到结果 0。用途：清零。

(4) 任何一个数和其按位翻转得到的数按位异或运算，结果置 1。

(5) 异或运算符合交换率和结合率。

(6) 一个数与任何其他数连续作两次异或操作结果都恢复为原来的值。

重要公式：两个数据 a 和 b，若我们得到一个中间结果 c=a^b；那么，a^c 得到 b；b^c 得到 a。

用途：两个变量值交换，不需中间变量。

```
int a=3,b=4;
a=a^b;          ①
b=a^b;          ②
a=a^b;          ③
```

我们来看一看此公式的作用，

(1) 将①代入②，可知，b 被赋值为最初的(a^b)^b，既得到 b^b^a，因为 b^b=0，可得 0^a，得结果 b 的值为 a 的初值。

(2) 将①和②代入③，可知，a 被赋值为最初的(a^b)^((a^b)^b)，得结果 b，即 a 的值为 b 的初值。

a 和 b 的值交换了么？

5. 左移位运算符<<

左移位运算符<<，也是双目运算符，优先级别仅次于算术运算符，比关系运算符优先级高，自左向右的结合性；运算量是整型或字符型数据，可以是常量，也可以是变量，也可以是表达式。运算结果是数据各个位向左移动 n 个位的结果。

位是指将数据移动几个位。如一个基本整型数是 16 位二进制数，这个数左位为高位，右位为低位。左移位就是这个数各个位自右向左移动，高位先移动，低位后移动。每移动一次，最高为位向左移出一位，其余各位，包括最低位依次向左移动一位，移出的高位消失，低位补进 0。

例如：printf("%d",3<<8);

6. 右移位运算符>>

右移位运算符>>，也是双目运算符，优先级别仅次于左移位运算符<<，比关系运算符优先级高，自左向右的结合性；运算量是整型或字符型数据，可以是常量，也可以是变量，也可以是表达式。运算结果是数据各个位向右移动 n 个位的结果。

右移位就是这个数各个位自左向右移动，低位先移动，高位后移动。每移动一次，最低位向右移出一位，其余各位，包括最高位依次向右移动一位，移出的低位消失，空出的高位补进 0 或者 1。

那么，空出的高位补进 0 还是 1，这要看该数据是什么类型，若是无符号型，一定是补 0；若是有符号数，则补一个符号位。如

例如：printf("%d",3>>8);

7. 与位运算相关的复合赋值运算符

（1）五个与位运算相关的运算符：&=，|=，^=，<<=，>>=。

（2）左域只能是变量不能是常量。

（3）位运算赋值运算符的优先级和结合性同一般的复合赋值运算符。

（4）表示位运算的结果赋值给变量。

如：int a=3;

例如：printf("%d",a>>=8);

在与位相关的运算中，不同长度数据间的位运算要注意：

（1）运算的运算量是整型或字符型。但是长整型、基本整型和字符型分别占 4、2 和 1 个字节，长度不同，但可以进行位运算。

（2）同长度的数据进行位运算时，右对齐，同时将长度短的数据 b 扩展为和长度长的数据 a 相同长度的位。扩展时，若 b 为无符号数，扩展位为 0；若有符号数，扩展位为符号位。

12.2　位运算举例

例 12.1　输出一个基本整型数 a 低字节的高 4 位所对应的十进制数。

算法分析：%d 格式输出一个整数，对应的十六位二进制数最低四位是 a 低字节的高 4 位，其余位是 0。

（1）先将该数右移 4 位；然后保留这四位，其余位清零。

（2）保留该 4 位，其余位清零，然后向右移动 4 位。

清零保留特定位用按位与运算。

算法实现：按照算法 1

右移动 4 位，a>>4。

保留低 4 位，找这样一个数~(~0<<4)；然后和 a 右移结果按位与运算。

程序可写为：

```
main()
{
int b,a=33;
b=~(~0<<4)&(a>>4);
printf("%d",b);
}
```

值得注意的一点是：a>>4 是一个表达式，表达式的值是位运算所得结果；变量 a 的值不改变。若要 a 的值改变，可以用复合赋值运算符 a>>=4。

大家可以按照算法 2 自己练习一下。

设置这样一个数，对应清零位为 0，对应保留位为 1；即一个整数，低字节高 4 位为 1，其余位为 0，显然是一个这样的二进制数 00000000 11110000，是八进制数 0360，即十进制数 240。

当然可以用 a&240，然后将结果向右移动 4 位：(a&240) >>4。

```
main()
{
int b,a=33;
b= (a&240) >>4;
printf("%d",b);
}
```

b 的结果就是 a 低字节的高 4 位这个 4 位二进制数。

但是，得到 240 这个数显然比较复杂了，不是通过程序控制的。由程序控制得到这样一个数，可以使用这样一个式子：

(1) 得到一个各个位为 1 的数：~0。

(2) 向左移动 4 个位，取反，得到低 4 位为 1 的数。

(3) 接着向左移动 4 个位，可得这个数。

即这样一个数：~(~0<<4)<<4

得到公式：a&(~(~0<<4)<<4)

然后将结果向右移动 4 位：(a&(~(~0<<4)<<4)) >>4。

上面的程序该写成：

```
main()
{
int b,a=33;
b= (a& (  ~(~0<<4)<<4  ) ) >>4;
printf("%d",b);
}
```

例 12.2　一个基本整型数 a，输出 a 对应的二进制数。

显然用除 2 取余法可以实现。我们现在讨论用位运算的方法实现。

算法分析：a 本身就是一个十六位二进制数的存储形式，我们只要从左到右判断每一个位上是否 0 或 1，输出即可。

判断第 n 位是否 1 的方法：

先构造一个十六位二进制数，称作判断字，第 n 位为 1，其余位为 0；

用 a 和这个数按位与，若结果为 0 说明这个数第 n 位是 0；若结果不为 0，说明为 1。

判断字的构造方法：

定义一个无符号基本整型变量 b，第一位为 1，其余位为 0。这显然是判断第一位的判断字。控制循环十六次，每循环一次，判断字变量 b 的值改为原来的值右移一位。第 n 次循环，就是判断第 n 位的判断字。

算法实现：

```
main()
{
unsigned b=1<<15;
int a,i;
scanf("%d",&a);
for(i=0;i<16;i++)
{
if (a&b)
printf("%d ",1);
else
printf("%d ",0);
b>>=1;
}
}
```

例 12.3 输出一个基本整数 c，c 是一个已知的基本整数 a 向右循环移动 3 个位得到的结果。

题目分析：c 的高 3 位是 a 的低 3 位；c 的其余低位是 a 的其余高位。

算法分析：

(1) 得到这样一个数 b：保留 a 的低 3 位，作为高 3 位；并且其余位为 0 。

```
b=a<<sizeof(a)-3;
```

(2) 得到这样一个数：高 3 位为 0 ，其余位为 a 的其余高位。

```
d=(a>>3) & ~( 1<<15>>2 );
```

(3) 将 a 和 b 按位或，即得

```
c=b|d;
```

得程序为：

```
main()
{
int b,c,d,a=0157653;
b=a<<sizeof(a)-3;
d=(a>>3) & ~( 1<<15>>2 );
}
```

12.3 位段

C 语言适合编写系统软件，可以对硬件操作。编程时经常遇到要标示状态的问题：如在编译程序处理符号表时，要记录每一个标识符是否关键字；在设备驱动程序中，常要标识设备状态。这些标识符只需要一个或几个位即可，因此，C 语言常常需要控制某个字节中的某个或某几个位。

利用屏蔽码或屏蔽字我们就可以控制字节中的任何位。但这样做毕竟很不方便。
C 语言提供一种直接访问字位的手段，位段。

1. 什么是位段

C 语言允许在结构体类型中，以位为单位指定成员所占内存长度。这种以位为单位的成员称为位段或者位域。

2. 位段的定义

位段就是一位为单位的结构体成员；定义位段首先是在结构体的定义中定义。如：

```
struct wd
{
unsigned a:2;
unsigned b:6;
unsigned c:4;
unsigned d:4;
int i;
}
data;
```

（1）位段成员的类型只能定义为无符号整型或整型，不能是 char 或其他类型。

如上例表示定义了一个结构体类型 struct wd，同时定义了这种类型的一个变量 data，有五个成员 a，b，c，d，i；成员 I 是有符号基本整型占 2 个字节，按补码存储；成员 a，b，c，d 都是位段，分别占 2，6，4，4 个位。四个位段恰好占满一个单元 2 个字节十六个位。

（2）一般位段是按照先后连续存放的。但是因计算机机型而异，有的是从左到右存放，普通 PC 机是从右到左存放的。

如上例中，a 占用第一个字节的最低 2 位，b 占用高六位；c 占用接下来的第二个字节的第 4 位，d 占用高 4 位；i 占用接下来的两个字节。

（3）一个位段必须定义在一个存储单元内。一个位段所占位不能超过一个存储单元的长度。

一个存储单元指的是一个 unsiged int 或者 int 数据所占存储单元，这是因机型而异的。普通 pc 机一个存储单元是 2 个字节十六个位。

（4）可以定义不是恰好占满一个字节的位段。也可以定义不是恰好占满一个存储单元的位段。

（5）一个位段必须存储在同一个存储单元中，不能跨单元存储；若一个单元的剩余空间容纳不下一个位段，则剩余空间闲置不用，用下一个存储单元存储该位段。

```
如：struct wd
{
unsigned a:3;
unsigned b:4;
unsigned c:5;
unsigned d:9;
```

```
int i;
}
data;
```

表示定义了一个结构体类型 struct wd，同时定义了这种类型的一个变量 data，有 5 个成员 a，b，c，d，i；成员 I 是有符号基本整型占 2 个字节，按补码存储；成员 a，b，c，d 都是位段，分别占 3，4，5，6 个位。普通 PC 机中，a 成员占用最低第 1，2，3 位，b 成员占用第一个字节的第 4，5，6，7 位，c 占用第二个字节的最低 1，2，3，4 位和第一个字节的最高位。a，b，c 三个成员在同一个存储单元中，共占用 12 个位，该存储单元剩余空间 4 个位。D 成员占用 9 个位，超过一个字节长度，但没有超过一个存储单元的长度，是合法的。但是，在第一个存储单元中，剩余空间容纳不下 d，因此，直接跳过，d 成员占用接下来的一个存储单元的低 9 位。

（6）可以定义无名位段，表示闲置不用。无名位段的长度为 0 表示下一个位段从下一个字节开始存放。

```
如：struct wd
{
unsigned a:1;
unsigned :2;
unsigned b:3;
unsigned  :0;
unsigned c:4;
}
data;
```

表示 a 成员占用最低第 1 位，接下来的低第 2，3 两个位闲置不用，b 成员占用第 4，5，6 位，c 则跳过这个字节，存储在接下来的一个字节的最低 1，2，3，4 位

（7）结构体中可以混合使用位段和通常的结构体成员。但是不能定义位段数组。

（8）可以通过结构体变量或结构体指针变量访问位段成员。但不能访问位段成员的地址。

（9）同普通的结构体成员一样，位段也可以看作一个变量引用，可以被赋值，可以和整数运算。但是没有地址。

位段和整数运算，自动转化类型成整型.给位段成员赋值时不能超过其允许的最大值，越界时只能将低位直接赋给该位段。位段的值可以按整数方式输出。

（10）位段定义为 int；则参加运算时要看作有符号数。

3. 位段举例

例 12.4　位段成员定义

```
main(){
struct {
unsigned int a:3;
unsigned int b:2;
unsigned int c:4;
```

```
int in;
}in;
in.a=7;
in.b=3;
in.c=16;  /*赋值越界,只将该值低4位[16共有5位二进制数10000]赋给位段成员in.c*/
in.in=100;  /*成员与变量互相不影响*/
printf("in.in=%d",in.in+in.a+in.b+in.c);
}
```

运行结果为: in.in=110

例 12.5

```
main(){
struct{
unsigned int a:3;
unsigned int b:4;
unsigned int c:9;
unsigned int d:4;
}a;
union{
int i;
char s[2];
}b={24917};
int c=24917;
a.a=11;
a.b=12;
a.c=156;
a.d=6;
printf("sizeof(a)=%d\n",sizeof(a)*8);
printf("a+b+c+d=%d\n",a.a+a.b+a.c+a.d);
printf("b.i=%d b.s[0]=%c b.s[1]=%c\n",b.i,b.s[0],b.s[1]);
printf("%d&0x00ff=%c %d>>8&0x00ff=%c",c,c&0x00ff,c,c>>8&0x00ff);
}
```

【本章小结】

　　数据的位是可以操作的最小数据单位,理论上可以用"位运算"来完成所有的运算和操作。一般的位操作是用来控制硬件的,或者做数据变换使用,但是,灵活的位操作可以有效地提高程序运行的效率。位运算是 C 语言的一种特殊运算功能,是对二进制位进行运算的。利用位运算可以完成汇编语言的某些功能。位段在本质上也是结构类型,不过它的成员是按二进制位分配内存空间的,其定义、说明及使用的方式都与结构相同。位段提供了一种手段,使得可以高级语言中实现数据的压缩,节省了存储空间,同时提高程序的效率。

【练习与实训】

一、填空题

1. O66^O35 的值是_____。
2. ~O53 的值是_____。
3. a=O63;a<<2;a 的值是_____。
4. 11 & 6 的值是_____。
5. 3 | 8 的值是_____。
6. 执行下列语句，则 c 的二进制制值是_____。

```
char a=5，b=7,c;
c=a^b<<2;
```

7. char a= 17，b= 5; 则 a&b=_____;a^b=_____; a>>b=_____; a|b=_____。

二、实训题

编程设计一函数，求任意整数 x 的补码，并将结果用十进制输出。

```
# include <stdio.h>
Complement(int n)
{
if (n<0)
{
n=~n;
n=n|(1<<8);
}
Return n;
}
Main()
{
int n,b;
scanf("%d",&n);
b= Complement(n);
printf("%d",&b);
}
```

第13章 文 件

在以前章节中，我们所使用的数据在重启电脑后都需要重新输入，为了持久的保存这些数据，引入了"文件"来进行管理。文件是存放在存储设备上的一些持久性数据的集合，它具有一个唯一的名字，通过名字可以对文件进行存取、修改、删除等操作。

13.1 文件的相关概念

在 C 语言中引入了流（stream）的概念。它将数据的输入输出看做是数据的流入流出，不管是磁盘文件还是物理设备（打印机、显示器、键盘）等，都当成一种流的源或目的，对它们的操作就是数据的流入和流出。

在 C 语言中，流可分成两类，文本流和二进制流。文本流是指在流中流动的数据是以字符形式出现，如"1234"在流中的数据是：

```
00110001 00110010 00110011 00110100
```

占 4 个字节。二进制流是数据在内存中存储的形式，如 1234 在流中流动的数据是：00000100 11010010，占两个字节。

C 语言使用的文件系统有两种：一种是缓冲文件系统（标准文件系统）；一种是非缓冲文件系统（二进制文件系统）。一般把缓冲文件系统的输入输出称为标准输入输出，把非缓冲文件系统的输入输出称为系统输入输出。本章只讨论缓冲文件系统。

13.2 文件指针

FILE 这个数据结构定义在 stdio.h 头文件中。定义指针变量 fp1，它们可以指向 FILE 类型的结构体变量，从而间接访问相应文件

```
FILE *fp1;
```

13.3 文件的打开与关闭

对文件操作须给出文件名、文件操作方式（读、写或读写）。如果文件不存在，就建立（只对写文件操作方式，读文件操作方式则出错），并将文件指针指向文件开头。若已有一个同名文件存在，则删除该文件，若无同名文件，则建立该文件，并将文件指针指向文件开头。

```
FILE *fp;
fp=fopen(char *filename,char *type);
```

*filename 是要打开的文件名指针，一般用双引号括起来的文件名表示。如果文件名是

一个不带任何路径信息时，在当前文件夹中寻找或建议该文件。

　　*type 参数表示了打开文件的操作方式，操作方式见表 13.1。

表 13.1　文件操作方式

*filename	方式	含　义
"r"	只读	为输入打开一个文本文件，该文件必须已存在。只能读取。
"w"	只写	为输出打开一个文本文件，只能用于向文件写入数据，如文件不存在，则建立；若文件已存在，则将该文件删除，然后再重新建立一个新文件。
"a"	追加	向文本文件尾增加数据
"rb"	只读	为输入打开一个二进制文件
"wb"	只写	为输出打开一个二进制文件
"ab"	追加	向二进制文件尾增加数据
"r+"	读写	为读/写打开一个文本文件
"w+"	读写	为读/写建立一个新的文本文件
"a+"	读写	为读/写打开一个文本文件进行增加数据
"rb+"	读写	为读/写打开一个二进制文件
"wb+"	读写	为读/写建立一个新的二进制文件
"ab+"	读写	为读/写打开一个二进制文件进行增加数据

　　对文件操作结束之后应"关闭"该文件。

```
fclose(文件指针);
```

13.4　文件的读写

　　顺序读写，就是文件打开之后从头开始，顺序地读写文件中的数据。文件中的位置指针指向当前读写的位置。读写一个数据后，位置指针会自动向前移动，指向下一个数据的位置。向前是指的从文件头向文件末尾移动的方向。如果位置指针指向的是文件尾，则返回一个 EOF（-1）。EOF 是在 stdio.h 中定义的符号常量，表示文件尾，其后已没有数据。

　　1．fputc 函数

　　把一个字符写入 fp 所指向的文件，如果成功返回被写入的字符，否则返回 EOF。

```
Int fputc(char ch,FILE *fp);
```

　　例 13.1　从键盘输入字符，逐个把它们写到文件中去，直到输入一个回车符为止。

```
#include <stdio.h>
main()
{
FILE *fp;
char ch,filemame[10];
printf("please input filename:\n");
```

```
scanf("%s"),filename);                    /*输入文件名*/
if((fp=fopen(filename, "w"))==NULL)        /*打开失败则退出程序*/
{
printf("cannot open this file!\n");
exit(1);
}
ch=getchar();                             /*接收并丢弃输入文件名 scanf 的回车*/
ch=getchar();
while(ch!=' \n' )
{
fputc(ch,fp);
putchar(ch);                              /*在显示中显示该字符*/
ch=getchar();
}
fclose(fp);
}
```

2．fgetc 函数

```
int fgetc(FILE *fp);
```

该函数的作用是从 fp 所指向的文件中读入一个字符，返回值就是该字符。如果读到文件尾，则返回 EOF。

例 13.2　将 13.1 例中所写文件显示出来。

```
#include <stdio.h>
main()
{
FILE *fp;
int ch;          /*ch 应定义为整型，char 型没有-1 值，也就是文件尾 EOF*/
char filename[10];
printf("please input filename:\n");
scanf("%s",filename);
if((fp=fopen(filename, "r"))==null)
    {
    printf("can not open this file!\n");
    exit(1);
}
ch=fgetc(fp);
while(ch!=EOF)
    {
    putchar(ch);
    ch=fgetc(fp);
}
}
```

3．fputs 函数

```
int fputs(char *str,FILE *fp);
```

该函数的作用是把 str 指向的字符串写入 fp 指向的文件中，字符串末尾的\0 不写入。若写入成功返回值为 0，否则返回 EOF。

4．fgets 函数

```
char* gfets(char *str,int n,FILE *fp);
```

该函数的作用是从 fp 指向的文件读入 n-1 个字符，然后在最后加一个\0，得到一个共有 n 个字符的客串，并存放到字符指针 str 指向的内存空间。如读入时碰到了\n 或文件结束符 EOF 就结束，\n 也作为一个字符读入。函数返回 str，若读到文件尾或出错则返回 NULL。

5．fprintf 函数

```
int fprintf(FILE *fp,char *format,…);
```

该函数是按 format 格式字符串规定的格式把输出列表指定的若干数据写入文件，返回成功写入文件的数据个数。

例 13.3 将 100 至 1000 内能被 3 整除的数写入 aa.txt 中。

```
#include <stdio.h>
Main()
{
int I;
FILE *fp;
if((fp=fopen("aa.txt"),"w"))==null)
   {
   printf("Can't open this file!\n");
   exit(1);
}
for(i=100;i<1000;i++)
{
if(i%3==0)
fprintf(fp, "%3d",i);
}
fclose(fp);
}
```

6．fscanf 函数

```
int fscanf(FILE *fp,char *format,…);
```

该函数是按照 format 格式字符串规定的格式从 fp 指向的文件读入若干数据，分别存入输入列表指定的变量，返回成功读取数据的个数。

例 13.4 将例 13.3 写入的数据读出并显示。

```
#include <stdio,h>
main()
{
int i,j=0;
```

```
FILE *fp;
if((fp=fopen("aa.txt","rb"))==NULL)
    {
    printf("Can't open this file!\n");
    exit(1);
    }
While(fscanf(fp, "%d",&i)!=EOF)
{
j++;
printf("%3d",i);
if(j%10==0) printf("\n");
}
printf("\n");
fclose(fp);
}
```

7. fwrite 函数

```
int fwrite(char *buffer,unsigned size,unsigned count,FILE *fp);
```

C 语言提供对数组、结构体等大型数据进行整体的输入输出，可实现按"记录"读写，参数 buffer 是输入数据的起始地址；size 是要写的字节数；count 是要写多个个"记录"；*fp 是写入文件指针；成功写入将返回写入数据个数；该函数必须用二进制方式打开。

例 13.5 将例 13.4 的记录写入文件。

```
struct stu
{   int num;
    char *name;
    char sex;
    float score;
}boy[5]={ {101,"Li ping",'M',45},
        {102,"Zhang ping",'M',62.5},
        {103,"He fang",'F',92.5},
        {104,"Cheng ling",'F',87},
        {105,"Wang ming",'M',58}  };
main()
{   int i;
FILE *fp;
fp=fopen("stud.txt","w");
for(i=0;i<5;i++)
if(fwrite(&boy[i],sizeof(struct stu),1,fp)!=1)
printf("file write error\n");
fclose(fp);
}
```

8. fread 函数

```
int fread(char *buffer,unsigned size,unsigned count,FILE *fp);
```

参数与 fwrite 函数相同。

例 13.6 将例 13.5 写入的记录从文件中读取出来并显示。

```
struct stu
{   int num;
    char *name;
    char sex;
    float score;
}*boy;
main()
{  int i;
FILE *fp;
fp=fopen("stud.txt","r");
for(i=0;i<5;i++){
fread(boy,sizeof(struct stu),1,fp);
printf("%d %s %c %f ",boy->num, boy->name, boy->sex, boy->score);
}
fclose(fp);
}
```

13.5 文件的定位与状态检测

上面所有例题与讲述采用的都是写完、读完的顺序操作，如果移动位置指针到指定的地方，则能实现对任意位置进行读写操作，我们称这种操作方式为随机读写。

1．rewind 函数

```
void rewind(FILE *fp);
```

该函数没有返回值，使用是将位置指针重新指向文件的开头。

2．fseek 函数

```
int fseek(FILE *fp,long offset,int base);
```

fseek 函数用来移动文件内部位置指针,其中：*fp 指向被移动的文件。Long offset 表示移动的字节数，要求位移量是 long 型数据，以便在文件长度大于 64KB 时不会出错。当用常量表示位移量时，要求加后缀"L"。int base 表示从何处开始计算位移量，规定的起始点有三种：文件首，当前位置和文件尾。

Int base	表示符号	数字表示
文件首	SEEK_SET	0
当前位置	SEEK_CUR	1
文件末尾	SEEK_END	2

3. ftell 函数

```
long ftell(FILE *fp);
```
该函数是确定当前位置的函数，可返回当前读写文件时所处位置。

【本章小结】

文件可持久保存数据，许多实际应用的 C 程序都包含对文件的处理；文件的内容可扩展理解为数据流的处理。所以这一章的内容很重要，希望读者能够认真学习并在实践中掌握。

【练习与实训】

有 5 个学生，每个学生有 3 门课的成绩，从键盘输入以上数据（包括学生号，姓名，三门课成绩），计算出平均成绩，将数据和计算出的平均分数存放在磁盘文件"stud.txt"中。

```c
#include <stdio.h>
struct student
{
char num[6];
char name[8];
int score[3];
float avr;
} stu[5];
main()
{
int i,j,sum;
FILE *fp;
/*input*/
for(i=0;i<5;i++)
{
printf("\n please input No. %d score:\n",i);
printf("stuNo:");
scanf("%s",stu[i].num);
printf("name:");
scanf("%s",stu[i].name);
sum=0;
for(j=0;j<3;j++)
{
printf("score %d.",j+1);
scanf("%d",&stu[i].score[j]);
sum+=stu[i].score[j];
}
stu[i].avr=sum/3.0;
}
fp=fopen("stud.txt","w")
```

```
for(i=0;i<5;i++)
if(fwrite(&stu[i],sizeof(struct student),1,fp)!=1)
printf("file write error\n");
fclose(fp);
}
```